中等职业学校酒店**服务**与**管理类**规划教材

中华茶艺

（第2版）

■郑春英　主编

U0285759

清华大学出版社
北京

内 容 简 介

本书以任务为引领，通过设置工作情境、具体工作任务、信息页等，激发读者的学习兴趣；借助知识链接、任务单、任务评价等，帮助读者掌握并进一步巩固所学知识。本书分为8个单元，介绍了茶文化的发展历程、茶叶知识、各类茶的品饮与鉴赏、茶具知识、茶艺服务等相关内容。

本书可作为中等职业学校酒店服务与管理专业的教材，也可供相关岗位培训以及对茶文化、茶艺有兴趣的读者参考使用，还可作为"茶艺师"考核的辅导教材。

图书在版编目(CIP)数据

中华茶艺 / 郑春英 主编. —2版. —北京：清华大学出版社，2019(2023.8重印)

(中等职业学校酒店服务与管理类规划教材)

ISBN 978-7-302-51730-6

Ⅰ. ①中… Ⅱ. ①郑… Ⅲ. ①茶文化—中国—中等专业学校—教材 Ⅳ. ①TS971.21

中国版本图书馆 CIP 数据核字(2018)第 267480 号

责任编辑：王燊娉　张雪群
封面设计：赵晋锋
版式设计：方加青
责任校对：牛艳敏
责任印制：丛怀宇

出版发行：清华大学出版社
　　　　网　　址：http://www.tup.com.cn，http://www.wqbook.com
　　　　地　　址：北京清华大学学研大厦 A 座　　　邮　　编：100084
　　　　社 总 机：010-83470000　　　　　　　邮　　购：010-62786544
　　　　投稿与读者服务：010-62776969，c-service@tup.tsinghua.edu.cn
　　　　质 量 反 馈：010-62772015，zhiliang@tup.tsinghua.edu.cn
印 装 者：天津鑫丰华印务有限公司
经　　销：全国新华书店
开　　本：185mm×260mm　　　印　　张：9.25　　　字　　数：190 千字
版　　次：2011 年 8 月第 1 版　　2019 年 4 月第 2 版　　印　　次：2023 年 8 月第 6 次印刷
定　　价：49.00 元

产品编号：080466-02

丛书编委会

丛书序

以北京市外事学校为主任校的北京市饭店服务与管理专业委员会，联合了北京和上海两地12所学校，与清华大学出版社强强联手，以教学实践中的第一手材料为素材，在总结校本教材编写经验的基础上，开发了本套《中等职业学校酒店服务与管理类规划教材》。北京市外事学校是国家旅游局旅游职业教育校企合作示范基地，与国内多家酒店有着专业实践和课程开发等多领域、多层次的合作，教材编写中，聘请了酒店业内人士全程跟踪指导。本套教材的第一版于2011年出版，使用过程中得到了众多院校师生和广大社会人士的垂爱，再版之际，一并表示深深的谢意。

中国共产党第二十次全国代表大会报告强调，要"优化职业教育类型定位"，"培养造就大批德才兼备的高素质人才，是国家和民族长远发展大计"。近年来，酒店业的产业规模不断调整和扩大，标准化管理不断完善，随之而来的是对其从业人员的职业素养要求也越来越高。行业发展的需求迫使人才培养的目标和水平必须做到与时俱进，我们在认真分析总结国内外同类教材及兄弟院校使用建议的基础上，对部分专业知识进行了更新，增加了新的专业技能，从教材的广度和深度方面，力求更加契合行业需求。

作为中职领域教学一线的教师，能够静下心来总结教学过程中的经验与得失，某种程度上可称之为"负重的幸福"，是沉淀积累的过程，也是破茧成蝶的过程。浮躁之风越是盛行，越需要有人埋下头来做好基础性的工作。这些工作可能是默默无闻的，是不会给从事者带来直接"效益"的，但是，如果无人去做，或做得不好，所谓的发展与弘扬都会成为空中楼阁。坚守在第一线的教师们能够执着于此、献身于此，是值得被肯定的，这也应是中国职业教育发展的希望所在吧。

本套教材在编写中以能力为本位、以合作学习理论为指导，通过任务驱动来完成单元的学习与体验，适合作为中等职业学校酒店服务与管理专业的教材，也可供相关培训单位选作参考用书，对旅游业和其他服务性行业人员也有一定的参考价值。

这是一个正在急速变化的世界，新技术信息以每2年增加1倍的速度增长，据说《纽约时报》一周的信息量，相当于18世纪的人一生的资讯量。我们深知知识更新的周期越来越短，加之编者自身水平所限，本套教材再版之际仍然难免有不足之处，敬请各位专家、同行、同学和对本专业领域感兴趣的学习者提出宝贵意见。

2022年12月

前　言

本书第1版自出版以来，受到广大读者的欢迎。为了进一步提高质量，编者在原教材的基础上，加进一些目前比较流行的、受广大茶艺爱好者关注的新的茶品介绍。

茶艺发展到今天，已经从青涩演变为成熟。于是，有关茶艺方面的书籍林林总总层出不穷，这不仅充实了茶艺市场的精神内涵，同时也传承了蕴含几千年深厚传统文化底蕴的中国茶文化精髓。

越来越多的茶艺爱好者、工作者，涉猎于茶书之中，以求能进一步拓展知识、丰富内涵、提高技艺。面对这样的需求，本书在作者积累了多年的茶艺教学和实践经验的基础上应运而生。本书着眼于实际应用，力求摆脱以往书籍的编写框架，在知识点的衔接上既巧妙又灵活，希望能给读者耳目一新的感觉。

本书以任务为引领，通过设置工作情境、具体工作任务、信息页等，激发读者的学习兴趣；借助知识链接、任务单、任务评价等，帮助读者掌握并进一步巩固所学知识。本书分为8个单元，介绍了茶文化的发展历程、茶叶知识、各类茶的品饮与鉴赏、茶具知识、茶艺服务等相关内容。本书可作为中等职业学校酒店服务与管理专业的教材，也可供相关岗位培训以及对茶文化、茶艺有兴趣的读者参考使用，还可作为"茶艺师"考核的辅导教材。

本书由郑春英担任主编，其他参与编写的还有梁艳舞、李靖、徐京红、索扬、王珊珊、贾艳琼等。

本书在编写过程中，参阅了不少专著、资料等，在此表示诚挚的谢意。同时在编写过程中，得到了北京市外事学校领导和老师们的热情帮助和大力支持，以及相关行业专家的指导与把关，在此一并表示感谢。

由于编者水平有限，本书疏漏之处在所难免，企盼在今后的教学和实践中，能有所改进和提高。恳请读者不吝赐教，以便于修订，使之日臻完善。

编　者
2023年7月

目　录

| 单元七　黑茶的品饮与鉴赏 |

| 单元八　花茶的品饮与鉴赏 |

中华茶艺知多少

中国茶类的划分有两种不同的方法：其一，根据制造方法不同可分为全发酵、半发酵、不发酵和部分发酵；其二，根据外观颜色可分为绿茶、红茶、乌龙茶(青茶)、白茶、黄茶和黑茶6大类。自古以来，茶作为开门7件事(柴米油盐酱醋茶)之一，在中国古代已经非常盛行，而饮茶更是与人们的生活息息相关。传统的中华茶文化将制茶、饮茶融为一体，与欧美及亚洲其他国家的茶文化大相径庭。唐代茶圣陆羽编著的《茶经》一书，是一部集大成论述茶的专著，它的诞生，将茶渗透宫廷和社会，深入中国的诗词、绘画、书法、宗教、医学等方面。中华茶文化沿袭了千年的古韵与内涵，不仅展现了物质文化，还有着深厚的精神层面的底蕴，形成了中国特有的茶文化。

任务一 有关茶的发展史

工作情境 🔍

中华茶文化起源于上古时期，有"神农氏尝百草，遇毒，以茶解之"的说法。经过几千年的发展，形成了自己独特的文化。让我们一起来了解下中华茶文化。

具体工作任务

- 了解茶的起源；
- 熟悉茶文化的发展历程。

活动一 茶文化的发展历程

信息页一 茶的起源

唐代陆羽在《茶经》中称："茶之饮，发乎神农。"中国是发现与利用茶叶最早的国家，至今已有数千年的历史。茶树原产于中国的西南部，云南等地至今仍生存着树龄达千年以上的野生大茶树。据历史记载，四川、湖北一带的古代巴蜀地区是中华茶文化的发祥地。从唐代、宋代至元、明、清时期，茶叶生产区域不断扩大，茶文化不断发展，并逐渐传播至世界各地。如今，茶已经在全世界50多个国家扎了根，成为风靡世界的3大无酒精饮料之一。

信息页二 茶文化的发展历程

一、三国以前的茶文化

追溯中华茶文化的渊源，就要提到上古时代的神农。"神农尝百草"是我国流传很广、影响很深的一个关于茶起源的古代传说。神农发现了茶叶的解毒作用，使人们开始重视并利用茶叶，开掘了茶文化之源。若按此推论，在中国，茶的发现和利用始于原始母系氏族社会，迄今已有五六千年的历史。而《神农本草经》等史籍所记载的炎帝神农氏尝百草的神话故事，实际是中国茶叶与中国文化相结合的本源，也是中华茶文化的摇篮。

二、两晋、南北朝的茶文化

晋代，随着茶叶生产的较大发展，饮茶的文化性也进一步体现出来。到了南北朝时期，茶饮进一步普及，且其在民间的发展过程中，也逐渐被赋予了浓郁的文化色彩。根据文献记载来看，晋代茶文化的特征主要体现在以下几个方面：以茶待客，以茶示俭，以茶为祭，以茶入文。在两晋、南北朝时期，茶叶有了一定的种植面积，茶俗进入日常活动，加之文人雅士将其升华，茶不再是简单的饮品，而是被赋予了相应的文化品位，中华茶文化在此阶段萌芽。

三、唐代茶文化

唐代是中华茶文化的正式形成时期。茶文化的形成与唐代的经济、文化发展有着密切联系。唐朝疆域辽阔，注重对外交往，长安是当时的政治、文化中心，中华茶文化正是在这种大气候下形成的。此外，佛教的发展、诗风的大盛、贡茶的兴起、禁酒措施的实施等都从不同层面对茶文化的形成起到了推波助澜的作用，最终促使唐代成为我国茶业和茶叶文化发展史上一个具有划时代意义的重要时代。总结有关资料，唐代茶文化主要有以下几方面的特点：茶区扩展、贸易繁荣，《茶经》问世、茶道盛行、茶入诗歌，流芳百世、贡茶为赐，茶税始建、茶具专用。

四、宋代茶文化

"茶兴于唐，盛于宋。"这一时期，茶已成为"家不可一日无也"的日常饮品。茶叶产品开始由团茶发展为散茶，打破了团茶、饼茶一统天下的局面，同时出现了团茶、饼茶、散茶、末茶。茶区大面积南移，使茶叶上市提前一个月。宋太祖乾德二年，实现了茶叶专卖制，促进了茶业的快速发展，饮茶之俗上下风行，茶文化呈现出一派繁荣的景象。皇帝著书，茶风日盛、茶墨俱香，清心抒情。

五、元、明、清茶文化

到了元代、明代，中国传统的制茶方法已基本具备，同时更多的文人置身于茶，茶书、茶画、茶诗不计其数。张源的《茶录》、陆树声的《茶寮记》、许次纾的《茶疏》、文徵明的《惠山茶会话》《陆羽烹茶图》《品茶图》以及唐寅的《烹茶画卷》《事茗图》等传世作品诞生。到了清代，中华茶文化的发展更加深入，茶与人们的日常生活紧密结合起来。例如清末民间，城市茶馆兴起，并发展成为适合社会各阶层所需的活动场所，它把茶与曲艺、诗会、戏剧和灯谜等民间文化活动融合起来，形成了一种特殊的"茶馆文化"，"客来敬茶"也成为寻常百姓的礼仪美德。

文士们对茶境有了新的突破，讲究以"至精至洁"之道，达"返璞归真、天人合一"之境。张源首先在其《茶录》一书中说："造时精，藏时燥，泡时洁。精、燥、洁茶道尽矣。"张大复进行了更进一层的表述："世人品茶而不味其性，爱山水而不会其情，读书而不得其意，学佛而不破其宗。"品茶追求的是通过茶事活动达到一种精神上的愉悦，一种超凡脱俗的心境，一种天、地、人融于一体的境界。使用茶具追求质朴，由宋代的崇金贵银转为崇尚陶质、瓷质，由于冲泡方式改为直接冲泡，白色茶盏有利于观赏汤色叶底，于是白釉瓷取代了黑釉茶盏。明代正德年间，供春创制了紫砂壶，因其保温性能好，有助于散发与保持茶香，加之其陶色典雅古朴，造型朴拙，受到当时饮茶者的极力推崇，特别是宜兴所产紫砂壶备受青睐。明代张岱《陶庵梦忆》记载："宜兴罐以龚春为上，一砂罐，直跻商彝周鼎之列而毫无愧色。"实际上，明清时品茶所崇尚的"返璞归真""天、地、人相融"境界正是陆羽倡导的"精行俭德""和"的一脉相承。

明清时期，茶叶贸易有了迅速发展，尤其在进入清代以后，茶叶外销数量增加，茶叶出口已经成为一种正式行业，先后传入印度尼西亚、印度、斯里兰卡、俄罗斯等国家。

六、现代茶文化

1949年10月中华人民共和国成立以后，我国政府采取了一系列恢复和扶持茶叶生产发展的政策和措施，全国有20个省、市、自治区产茶，产量逐年增加，出口量不断递增。特别是近20年来，随着我国经济的繁荣发展，国民生活水平的提高，中华茶文化也有了飞速发展，凸显蓬勃之势。简而言之，新时代茶文化的繁荣和新气象主要表现在以下几个方面。

茶叶产量与消费的持续增长，彰显出茶文化的繁荣及其重要地位，换言之，茶的"绿色保健"正好契合了当今人们追求健康的理念；茶的"至清至洁"正是人们修身养性之所追求；茶的"天然生态"又符合了当今人们返璞归真的心态；品茶"天人合一"的意境与当今所倡导的"人、社会、自然"和谐相处一致，从而与实现社会的可持续性发展策略一致。

📖 任务单　有关茶文化的发展史你了解了吗？试着填出下面的信息吧。

1. 唐代是中华茶文化的正式形成时期。茶区扩展、贸易繁荣，_____问世、茶道盛行、茶入_____，流芳百世、贡茶为赐，_____始建、茶具专用。

2. 宋太祖乾德二年，实现了茶叶_____制，促进了茶业的快速发展，饮茶之俗上下风行，_____呈现出一派繁荣的景象。

3. 明清时期，茶叶贸易有了迅速发展，尤其在进入_____以后，茶叶_____数量增加，茶叶出口已经成为一种正式行业，先后传入印度尼西亚、印度、斯里兰卡、俄罗斯等国家。

4. 1949年10月中华人民共和国成立以后，全国有_____个省、市、自治区产茶，产量逐年增加，_____量不断递增。

知识链接 　　　　　　　　**什么是茶文化**

　　茶文化是茶艺与精神的结合，并通过茶艺表现其精神。兴于中国唐代，盛于宋、明代，衰于清代。中国茶道的主要内容讲究五境(即茶叶、用水、火候、茶具、环境)之美。

活动二　茶叶的演变过程

　　在客人品饮茶的过程中，茶艺师可向客人简单介绍一下茶叶的发展过程。

信息页　介绍茶叶的演变过程

　　茶在中国的应用过程，大致可以分为3个相承启的阶段：药用、食用和饮用。药用为其开始之门，食用次之，饮用则为最后发展阶段，但茶文化却因其而得以发扬光大。当然，三者之间有先后承启的关系，但是三者又不可能进行绝对划分，现在虽然主要是以品饮为主，但同时又有茶之药用和食用。在我国茶用早期，药用和食用难以进行明确划分，因为自古便有"药食同源"之说。可见茶的药用阶段与食用阶段是交织在一起的，只不过相对而言人们最早认识的是药用而已，因而切不可将三者完全孤立开来看。

一、茶的药用时期

　　神农氏是中国上古时代一位被神化了的人物形象，与伏羲氏、燧人氏并称为"三皇"。传说他不仅是中国农业、医药和其他许多事物的发明者，也是中国茶叶利用的创始人。神农氏不仅教老百姓农业知识，还教会老百姓识别可食用的植物和药物。神农氏采摘草木的果实，尝其汁液，中毒70多次，都是用"茶"解的毒。可以说，是神农氏最早认识了茶，并以茶为药，发现了茶的药用功能。后人经过长期实践，发现茶叶不仅能解毒，而且配合其他中草药，可医治多种疾病。《神农本草》记载有："茶味苦，饮之使人益思、少卧、轻身、明目。"东汉神医华佗在《食论》中也说茶味道较苦，但经常服食的话则有利于头脑清醒、思维敏捷。明代顾元庆在《茶谱》中写道："人饮真茶能止渴、消食、除痰、少睡、利尿、明目益思、除烦去腻，人固不可一日无茶。"更是把茶的药用功能说得异常清楚。世界上最早的茶叶专著——陆羽的《茶经》，更是全方面论述了茶的功效："茶之为用，味至寒，为饮最宜。精行俭德之人，若热渴、凝闷、脑疼、目涩、四肢烦、百节不舒，聊四五啜，与醍醐甘露抗衡也。"名医李时珍则从医药专家角度将茶的品性、药用价值一一道来：茶味较苦，品性趋寒，因而最宜于用来降火，如果喝温茶心中火气就会被茶汤减去，如果喝热茶火气就会随着茶汤挥发。并且茶汤还有解酒的功能，能使人神清气爽，不再贪睡。

随着科学技术的发展，特别是现代医学的迅速发展，人们对茶叶的功效有了更科学的认识。现代科学研究表明：茶对人体的药理功能，主要是因为茶叶中含有多种化学成分。对于茶叶的主要化学成分，目前已发现500多种，构成这些化学物质的基本元素已发现29种。

二、茶的食用时期

所谓食用茶叶，就是把茶叶作为食物充饥，或是做菜吃。早期的茶，除了作为药物之外，很大程度上还是作为食物而出现的。这在前人的许多著述中都有记载。

流传至今的，除了品饮之外，还有一些原始形态的茶食仍为现代人所享用。例如，食用擂茶，那是用生姜、生米、生茶叶(鲜茶叶)做成的，故又名"三生汤"。

三、茶的饮用时期

中国饮茶的历史经历了漫长的发展和演变时期。不同阶段，饮茶的方法、特点亦不相同，大约可分为唐前茶饮、唐代茶饮、宋代茶饮、明代茶饮、清代茶饮等。唐朝时期，茶叶多加工成饼茶，饮用时加调味的配料烹煮成茶汤。随着贡茶的兴起，贡焙产茶声名远扬，成为早期的名茶，如紫笋茶等。陆羽《茶经》的问世为饮茶开辟了新径，唐人对茶的质量、茶具、用水、烹煮环境以及烹煮方法越来越讲究，饮茶方法有较大改进。唐代饮茶不仅在宫廷风行，在民间也很普遍。饮茶方法也以团茶、饼茶为主，饮时碾碎烹煮，有加调味品的，也有不加的。同时，出现蒸青法制成的散茶。江南成为主要产茶区。人们饮用时，开始注重茶叶原有的色、香、味。宋代斗茶盛行，斗茶中获优胜的茶成为名茶。明代以后，制茶工艺革新，团茶、饼茶被散茶代替，饮茶也改为泡饮法，对饮茶的方式更讲究。清代时，无论是茶叶、茶具，还是茶的冲泡方法大多已和现代相似，6大茶类品种齐全。

？任务单　有关茶叶发展的知识你了解了吗？

一、茶叶发展的历史。

1. 中国饮茶的历史经历了漫长的发展和演变时期。不同阶段，饮茶的方法、特点亦不相同，大约可分为_____茶饮、_____茶饮、_____茶饮、_____茶饮、清代茶饮等。

2. 茶叶经过了_____、_____、_____的发展过程。

二、总结归纳茶叶的发展过程。

任务评价

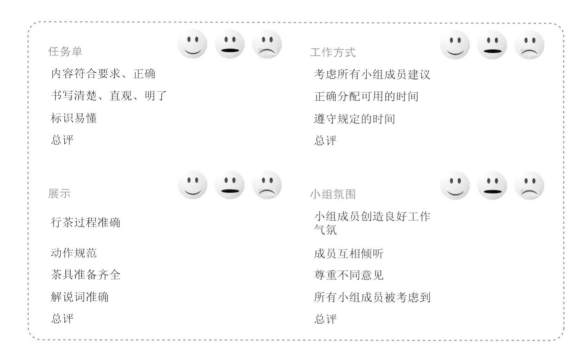

任务单	☺ 😐 ☹	工作方式	☺ 😐 ☹
内容符合要求、正确		考虑所有小组成员建议	
书写清楚、直观、明了		正确分配可用的时间	
标识易懂		遵守规定的时间	
总评		总评	

展示	☺ 😐 ☹	小组氛围	☺ 😐 ☹
行茶过程准确		小组成员创造良好工作气氛	
动作规范		成员互相倾听	
茶具准备齐全		尊重不同意见	
解说词准确		所有小组成员被考虑到	
总评		总评	

任务二　有关茶艺

工作情境

　　茶艺是指包括茶叶品评技法和艺术操作手段的鉴赏以及品茗美好环境的领略等整个品茶过程的美好意境，其过程体现形式和精神的相互统一，是饮茶活动过程中形成的文化现象。它起源久远，历史悠久，文化底蕴深厚，与宗教结缘。茶艺包括：选茗、择水、烹茶技术、茶具艺术、环境的选择创造等一系列内容。茶艺背景是衬托主题思想的重要手段，它能渲染茶性清纯、幽雅、质朴的气质，增强其艺术感染力。不同风格的茶艺有不同的背景要求，只有选对了背景才能更好地领会茶的滋味。

　　我国是历史悠长的文明古国，几千年来创造了灿烂的文化，形成了高尚的道德准则、完备的礼仪规范，被世人称为"文明古国，礼仪之邦"。茶事活动是人类进入文明社会之后出现的高品位活动，礼仪是整个活动的前提。

具体工作任务

- 了解茶事活动礼仪；
- 熟悉茶艺礼仪基本姿态。

活动一 ▶ 茶艺礼仪

一位客人走进茶艺馆，经询问，客人点了一杯茶，茶艺师该如何礼貌地为客人服务呢？

信息页一 ▶ 什么是礼仪

礼仪是指礼节和仪式。礼节是人们为表示尊敬、祝颂、哀悼等按照习惯约定俗成的一种行为，如叩拜、鞠躬、握手、挥手、拥抱、献花、献哈达、鸣礼炮等。而仪式是举行各种典礼或礼节性行为的程序和形式。

在茶事活动中，每一位参与者都必须自觉遵守礼仪，用礼仪去规范自己的言行举止，还要自我要求、自我约束；不可失敬于人，不可伤害他人尊严，更不能侮辱对方人格，敬人之心长存；既要严于律己，又要宽以待人，更要懂得容忍他人，不求全责备。

信息页二 ▶ 茶艺礼仪基本姿态

作为茶艺师，应该具备一定的文化修养、得体的行为举止，还要熟悉和掌握茶文化知识以及泡茶技能，做到以神、情、技动人。也就是说，无论在外形、举止乃至气质上，都有较高的要求。

一、仪容仪态

1. 得体的着装

茶的本性是恬淡平和的，因此，茶艺师的着装以整洁大方为佳，不宜太鲜艳，女性切忌浓妆艳抹、大胆暴露，男性也应避免乖张怪诞，如留长发、穿乞丐装等。总之，无论是男性还是女性，都应仪表整洁，举止端庄，要与环境、茶具相匹配，言谈得体，彬彬有礼，体现出内在的文化素养来。

2. 整齐的发型

发型原则上要求适合自己的气质，给人一种很舒适、整洁、大方的感觉，不论长短，都要按茶艺表演时的要求进行梳理。

3. 优美的手型

作为茶艺人员，首先要有一双纤细、柔嫩的手，平时注意适时保养，随时保持清洁、干净。

4. 姣好的面容

茶艺表演要体现淡雅之美，脸部化妆不要太浓，也不要喷味道浓烈的香水，否则会破坏茶香，影响品茶时的感觉。

5. 优雅的举止

一个人的个性很容易从茶艺表演的过程中表露出来。可以借着姿态动作的修正，潜移默化地调整一个人的心情。做茶时要注意两件事：一是将各项动作组合的韵律感表现出来；二是将泡茶的动作融入与客人的交流中。

二、服务姿态

行茶礼的目的：自省修身、追求完美，提升生活品质。

行茶礼仪动作：含蓄、温文、谦逊、诚挚。

基本要求：站姿笔直，走相自如，坐姿端正，挺胸收腹，腰身和颈部须挺直，双肩平正，筋脉放松，调息静气，目光祥和，表情自信，待人谦和，行礼轻柔而又表达清晰，面带微笑。

1. 站姿

优美而雅观的站姿，是体现茶艺人员仪表的起点和基础。男性要求身体直立，正面看：脚跟相靠，脚尖分开，呈50°～60°，双手自然伸直、并拢，左手放在右手上，贴于腹部，双目平视前方。女性与男性不同的是，双手并拢，手指自然伸直后，右手张开虎口略微握在左手上，贴于腰部。

2. 行姿

人的正确行姿是一种动态美，男性行姿要求双手自然下垂，呈半握拳状，头部微微抬起，目光平视，肩部放松，手臂自然前后摆动，身体重心稍向前倾，腹部和臀部要向上提，由大腿带动小腿向前迈进，一般每一步前后脚之间的距离为20～30cm，行走路线为直线。女性行姿要求双手放于腰部不动，或双手放下，手臂自然前后摆动，颈直，肩平正，脚尖伸向正前方，自然迈步。步速和步幅也是行走姿态的重要方面。茶艺人员因为工作性质所决定，在行走时，要求保持一定步速，不要过急，步幅不可过大，否则，会给客人带来不舒服的感觉。

3. 坐姿

茶艺人员在为客人沏泡各种茶时大多需要坐着进行，因此，良好的姿态显得十分重要。男性坐姿要求双腿自然相靠，脚尖朝向正前方，双手自然平放在大腿上，指尖朝向正前方；盘腿坐姿为右腿在前，左腿在后，屈膝放松，双手自如地放于双膝上。女性坐姿与男性不同的是，双手微微相握，贴于腰部。做茶时，要求头正肩平，肩部不能因为操作动作的改变而左右倾斜，双腿并拢；双手不操作时，平放在操作台上，面部表情轻松愉悦。

4. 跪姿

男性双腿并拢，跪下后，左脚尖放在右脚尖上；自然坐落，胳膊肘略弯，双手放在大腿上，头部微微向上抬。女性和男性不同的是，双手稍握，放于腰部，颈项挺直。

另外，茶桌上还有一些礼节，如斟茶时，只能斟七八分满，谓之："酒满敬人，茶满欺人。"当茶杯排成一个圆形时，斟茶一定要逆时针方向巡壶，不可顺时针方向巡壶，因为逆时针方向姿势表示欢迎客人来，顺时针方向则像是赶客人去。对于这一礼节，你可拿壶试一试，便能理解其中奥妙。

不同地区、不同民族还有不同的茶礼和忌讳。例如蒙古族在敬茶时，客人应躬身双手接茶，而不可单手接茶；土族人最忌讳用有裂缝或缺口的茶碗上茶；生活在西北地区的少数民族，一般都忌讳高斟冲起泡沫，因为，这样会使他们联想到沙漠、草原上牲口尿尿，认为高斟茶是对人格的污辱；广东地区，是用壶盖提示要求续水，茶艺师或服务员不可以主动去为客人揭盖添水；云南地区少数民族新婚夫妇有饮"合欢茶"的礼俗；贵州西南贞丰坡柳一带苗族、布依族，将鲜叶制成毛笔状，为状元笔茶，用红绸包裹，姑娘出嫁时带到婆家，供奉双老和亲属，所以贞丰坡柳茶又叫作"娘娘茶"。中国地大物博，人口众多，各地茶礼、茶俗丰富各异，同学们应尽可能地多学。

三、言谈得体

进行茶艺活动时，通常主客一见面，冲泡者就应落落大方不失礼节地自报家门，最常用的语言有："大家好！我叫某某，很高兴能为大家泡茶！有什么需要我服务的，请大家尽管吩咐。"冲泡前应简要介绍一下所冲泡的茶叶名称，以及这种茶的文化背景、产地、品质特征、冲泡要点等。注意，介绍内容不能过多，语句要精练，用词要正确，否则，会冲淡气氛。在冲泡过程中，对每道程序，用一两句话加以说明，特别是对一些带有寓意的操作程序，更应及时指明，起到画龙点睛的作用。当冲泡完毕，客人还需要继续品茶，而冲泡者需离席时，不妨说："我随时准备为大家服务，现在我可以离开吗？"这种征询式的语言，显示了对客人的尊重。总之，在茶艺展示过程中，冲泡者须做到语言简练、语意正确、语调亲切，使饮者真正感受到饮茶也是一种高雅的享受。

知识链接　　　　　　　　　**茶道礼法**

茶艺讲究茶道礼法，主要从泡茶者的容貌、姿态、风度、礼节等细节上体现出来。

容貌：茶艺更看重的是气质，所以表演者应适当修饰仪表。如果真正是天生丽质，则整洁大方即可。女性一般可以化淡妆，表示对客人的尊重，以恬静素雅为基调，切忌浓妆艳抹，有失分寸。

姿态：姿态之美高于容貌之美。古代就有"一顾倾人城，再顾倾人国"的句子，茶艺表演中的姿态相比容貌也显得更为重要，需要从坐、立、跪、行等几种基本姿态练起。

风度：在茶道活动中，各种动作均要求有美好的举止，评判一位茶道表演者的风度良莠，主要看其动作的协调性。心、眼、手、身要相随，意气相合，泡茶才能进入"修身养性"的境界。茶道中的每一个动作都要圆润、柔和、连贯，而动作之间又要有起伏、虚实、节奏，使观者能深深体会其中的韵味。

礼节：贯穿于整个茶道活动中，宾主之间应该体现的是互敬互重、美观和谐。站式鞠躬、坐式鞠躬、跪式鞠躬等是主要的鞠躬礼。而伸掌礼则是茶道表演中用得最多的示意礼，当主泡与助泡之间协同配合时，主人向客人敬奉各种物品时都简用此礼，表示的意思为："请"和"谢谢"。在茶道活动中，自古以来在民间逐步形成了不少带有寓意的礼节，这叫寓意礼，如最为常见的冲泡时的"凤凰三点头"，即手提水壶高冲低斟反复三次，寓意是向客人三鞠躬以示欢迎。

任务单　有关茶艺人员的礼仪知识你了解了吗？试着填出下面的信息吧。

1. 茶艺人员仪容仪表的要求是_____的着装、_____的发型、_____的手型、_____的面容、_____的举止。

2. 在茶艺过程中，冲泡者须做到_____简练、_____正确、_____亲切，使饮者真正感受到饮茶也是一种高雅的享受。

3. 茶艺人员的服务姿态有_____姿、_____姿、_____姿、_____姿。

活动二▶　茶与健康

茶，几千年来一直以其清新、自然、健康的特性深受世界各国人民的喜爱。研究表明，茶有明目、减肥、利尿、降压、降脂、抗癌、防龋齿、抗辐射、抑制动脉硬化等保健功效。茶是风靡全球的3大无酒精饮料之一，被誉为绿色的金子，延年益寿的灵丹妙药。中国是世界茶的故乡，种茶、制茶、饮茶有着悠久的历史。

信息页一　茶叶的营养成分

(1) 维生素。维生素是机体维持正常代谢功能所必需的一种物质。茶中含有10多种水溶性和脂溶性维生素，包括：维生素A，维生素B1、B2、B3、B6、B12，维生素C，维生素D，维生素E，维生素K和维生素P。

(2) 糖类。糖类具有增加体温、增强免疫能力、抗辐射、利尿的作用。

(3) 生物碱。生物碱包括咖啡碱、可可碱、茶碱等，都是弱碱性。这3种生物碱的药理作用相似。咖啡碱是影响茶叶品质的主要因素，是强有力的中枢神经兴奋药，可使头脑思维活动更为迅速清晰、消除睡意、减轻肌肉疲劳，使感觉更敏锐、运动机能有所提高；咖啡碱在冲泡茶汤中，能溶解约80%，通常一两杯茶中含有咖啡碱150～250mg。

(4) 氨基酸。氨基酸可振奋人的精神，适于辅助性治疗心脏性或支气管性狭心症、冠状动脉循环不足和心脏性水肿等疾病。

(5) 蛋白质。蛋白质具有补充氨基酸、维持氮平衡的作用，是构成生物体的基本物质，没有蛋白质，生命现象也就不存在了。

(6) 茶多酚。茶多酚具有抗氧化、减轻重金属毒性、保护心血管系统健康、防治动脉粥样硬化、防止因放射线照射而发生白血球缺乏症以及排毒、利尿、灭菌的作用，有改进血管渗透性能，增强血管壁、心肌，降低血压，促进维生素C吸收与同化，抑制细菌生长和帮助消化的功效，也可使甲状腺机能亢奋者恢复正常，抵制引起突变的变异性，抑制癌细胞，防止血栓形成等。

(7) 矿物质。茶叶中还含有磷、钾、钙、铁、铜、镁、钠、锰、锌、镍、铬、氟等10多种元素。在这些成分中，有50%～60%为水溶性，其余为非水溶性。茶中含有人体所必需的常量元素，诸如钠、镁、磷、钾、钙等；以及对人体有重要作用的微量元素，如硅、钒、铬、锰、铁、钴、砷、硒、氟、钼、锶、铷、硼等；还有对人体生理功能有重要药理作用的元素。沸水泡茶，第一次冲泡，维生素C和咖啡碱几乎已经完全溶于水了，有80%～90%的数值全部溶出。多酚类化合物第一次冲泡，就可泡出60%左右。喝茶若以营养立场来说，第一泡是不应该倒掉的。

信息页二　饮茶的益处

我国悠久的茶文化表明，常喝茶益于身体健康。唐朝诗人顾况在《茶赋》中写道，

"滋饭蔬之精素、攻肉食之膻腻、发当暑之清吟、涤通宵之昏寐"，说的正是茶对人体的好处。唐代大医学家陈藏器在《本草拾遗》一书中写道："诸药为各病之药，茶为万病之药。"足见茶之药效卓著。

(1) 提神。茶叶中含有少量咖啡因，能兴奋中枢神经系统，增强人体应激反应能力，使人反应敏捷、精神振奋、思维顺畅，从而提高工作和学习效率。

(2) 美容。茶叶中含有多种维生素(A、B1、B2、C、E等)和矿物质(钾、钠、钙、磷、镁、锰、铜、锌、硒等)，它们能改善皮肤的新陈代谢，增加皮肤营养，消除黄褐斑，延缓皮肤皱纹的产生。

(3) 降脂减肥。茶叶中所含的鞣质、醛类和有机酸类，能与进入胃肠道的脂肪结合，形成难吸收的大分子物质，通过肠道排出体外，从而减少脂肪的吸收。茶叶中的上述物质通过胃肠道吸收后，还能降低胆固醇和甘油三酯，起到降脂减肥的作用。

(4) 延缓衰老。茶叶中所含的鞣质、多酚类等具有较强的抗氧化能力，能抑制和清除氧自由基的生成，防止氧自由基对组织细胞的氧化、破坏，保持人体组织细胞的正常生理机能。

(5) 预防心血管病。美国哈佛大学医学院研究证实，茶叶所含的黄酮类化合物能改善冠心病人的血管内皮功能，抑制低密度脂蛋白的氧化，防止血小板凝集等，有利于预防心脑血管疾病的发生，并能降低心梗后的死亡率。有人还对喝茶与冠心病的关系进行了研究，分为不喝茶、偶尔喝茶、常喝茶3个组，发现不喝茶的冠心病发生率为3.1%，偶尔喝茶者患病率为2.3%，常喝茶者为1.4%。

(6) 防龋齿。导致龋齿发生的原因之一是变形链球菌和乳酸杆菌依靠唾液糖蛋白牢固地贴附在牙面上，形成一种稠密、不定型、非钙化的团块——牙菌斑，使菌斑下方的牙釉质脱钙，形成龋齿。而茶叶中所含的鞣质、有机酸和多酚类物质有抑菌作用，可防止牙菌斑产生。同时由于茶中含有氟，氟离子与牙齿的钙质有很大的亲和力，能变成一种较难溶于酸的"氟磷灰石"，像给牙齿加上了一个保护层，以提高牙齿的防酸抗龋能力。若喝茶时先含茶水数分钟再喝下，抗龋齿效果更佳。

(7) 防癌。茶叶中所含有的多种化学成分可通过多种途径，增加抗体生成，促进T淋巴细胞分化，抑制肿瘤细胞生长，从而增强人体抵御癌变的能力，降低罹患癌症的概率。

(8) 增强性功能。茶叶中所含的咖啡因等可作用于下丘脑—垂体—性腺轴，提高生殖系统的反应性，促进性腺分泌性激素而增强性欲；黄酮类化合物能改善性器官血管内皮功能，增加性器官的血流量，增强性功能。

(9) 治疗肠道疾病。医圣张仲景说，"茶治便脓血甚效"。现代医学研究证实，茶是肠道疾病的良药。茶中的多酚类物质，能使蛋白质凝固沉淀。茶多酚与单细胞细菌结合，能凝固蛋白质，将细菌杀死。如把危害严重的霍乱菌、伤寒杆菌、大肠杆菌等，放在浓茶汤中浸泡几分钟，多数会失去活动能力。因此，中医和民间常用浓茶或以绿茶研末服之，治疗细菌性痢疾、肠炎等肠道疾病。

信息页三 饮茶的季节

中国医学认为，春、夏、秋、冬四季饮茶，要根据茶叶的性能功效，随季节变化选择不同的品种，以益于健康。

一、春季宜饮花茶

春天大地回春，万物复苏，人体和大自然一样，处于苏发之际。此时宜喝茉莉、珠兰、玉兰、桂花、玫瑰等花茶，因为这类茶香气浓烈，香而不浮，爽而不浊，可帮助散发冬天积郁在体内的寒气，同时，浓郁的茶香还能促进人体阳气生发，令人精神振奋，从而有效地消除春困，提高办事效率。

二、夏季宜饮绿茶

夏天骄阳似火，溽暑蒸人，大汗淋漓，人体内津液消耗大。此时宜饮龙井、毛峰、碧螺春、珠茶、珍眉、大方等绿茶。因为这类绿茶绿叶绿汤，清鲜爽口，略带苦寒味，可清暑解热，去火降燥，止渴生津，且绿茶滋味甘香，富含维生素、氨基酸、矿物质等营养成分。所以，夏季常饮绿茶，既有消暑解热之功，又具有增添营养之效。

三、秋季宜饮青茶

秋天天气干燥，"燥气当令"，常使人口干舌燥，此时宜喝乌龙、铁观音、水仙、铁罗汉、大红袍等乌龙茶。这类茶汤色金黄，外形肥壮均匀，紧结卷曲，色泽绿润，内质馥郁，其味爽口回甘。乌龙茶介于红、绿茶之间，不热不寒，常饮能润肤、益肺、生津、润喉，可有效消除体内余热，恢复津液，对金秋保健大有好处。

四、冬季宜饮红茶

冬天气温骤降，寒气逼人，人体生理机能减退，阳气渐弱，对能量与营养要求较高，养生之道，贵于御寒保暖，提高抗病能力。此时宜喝祁红、滇红、闽红、湖红、川红、粤红等红茶和普洱、六堡等黑茶。红茶干茶呈黑色，叶红汤红，醇厚干温，可加奶、糖，芳香不改。红茶性味甘温，含有丰富的蛋白质，可补益身体，善蓄阳气，生热暖腹，增强人体对寒冷的抗御能力。此外，冬季人们的食欲增强，进食油腻食品增多，饮用红茶还可去油腻、开胃口、助养生，使人体更好地顺应自然环境的变化。

信息页四 饮茶注意事项

茶叶虽是健康饮料，但与其他任何饮料一样，也得饮之有度。如果不得法，亦可能有损人体健康。因此，饮茶时应注意以下事项。

一、忌饭前大量饮茶

饭前大量饮茶，一是冲淡唾液，二是影响胃液分泌。这样，会使人饮食时感到无味，而且使食物的消化与吸收也受到影响。

二、忌饭后立即饮茶

根据药理学实验报告显示，饭后饮茶，胃的排空速度既稳且快。茶汤有类似胃液的效果，能助消化，也能缓解肠胃紧张，加强小肠运动，胆汁、胰液和肠液分泌也会随之提高。

饭后饮杯茶，有助于消食去脂，但不宜饭后立即饮茶。因为茶叶中含有较多的茶多酚，它与食物中的铁质、蛋白质等会发生凝固作用，从而影响人体对铁质和蛋白质的吸收，使身体受到影响。

三、忌饮烫茶

烫茶会对人的咽喉、食道、胃产生强烈刺激，直到引起病变。一般认为，茶以热饮或温饮为好。茶汤的温度不宜超过60℃，以25～50℃为最好，在此范围内，可以根据各人习惯加以调节。

四、忌饮冷茶

冷茶同样会对人的口腔、咽喉、肠胃产生副作用。另外，饮冷茶，特别是10℃以下的冷茶，对身体有滞寒、聚痰等不利影响。

五、忌饮冲泡次数过多的茶

一杯茶经3次冲泡后，90%以上可溶于水的营养成分和药效物质已被浸出，第4次冲泡时，基本上已无什么可利用的物质了。如果继续冲泡，茶叶中的一些微量有害元素就会被浸泡出来，不利于身体健康。

六、忌饮冲泡时间过久的茶

冲泡时间过久的茶会使茶叶中的茶多酚、芳香物质、维生素、蛋白质等氧化，使其变质变性，直到成为有害物质，而且茶汤中还会滋生细菌，使人致病。因此，茶叶以现泡现饮为上。

七、忌饮浓茶

由于浓茶中的茶多酚、咖啡碱的含量很高，刺激性过于强烈，会使人体的新陈代谢功能失调，甚至引起头痛、恶心、失眠、烦躁等不良症状。

八、忌空腹饮茶

空腹饮茶，会刺激脾胃，进而造成食欲不振、消化不良，长此以往，会影响身体健康。

自古以来，中国人对喝茶就很讲究，对时间、浓淡、冷热、新陈以及不同的人如何饮茶等都有不同要求。前人总结不同时间、不同情况下饮茶的作用是不一样的，如早茶使人心情愉快，午茶提神，劳累后饮茶解疲劳；酒后茶利于肠胃，可消食解酒毒；食后茶水漱口既去烦腻，又可坚齿消虫。

为使饮茶利于身体健康，提倡饮茶时坚持"清淡为宜，适量为佳，随泡随饮，饭后少饮，睡前不饮"的原则，尤其对于瘦人、老年人来说更应如此，同时，酒后、渴时、饭前饭后时宜饮淡茶。

知识链接

饮茶小贴士

喝茶除了认识茶之外，也要认识自己的身体。每一个人的体质不同，身体状况也各异，别人喝这类茶好，自己未必就好。并且体质也因时间、地点、年龄而有变化。茶中的各种成分因人体生理的不同，作用也不同。

夜间工作的人饮茶，能影响精神和感觉机能，使头脑思维活动更快、联想更丰富、感觉更敏锐；疲劳的人饮茶，因茶中黄嘌呤类能刺激神经和增加肌肉的收缩力，有活动肌肉的功效，可促进新陈代谢、消除疲劳。饮茶有很多好处，但饮茶过量或饮法不当就没有好处了，因为茶叶的化学成分会受客观条件的影响而变化。不同的茶类，因制法、品种、产地、季节、等级和泡法而有差异，且茶叶作为药用，是有针对性的。例如：茶叶有机酸中的草酸，如饮用浓茶过多，肾脏受刺激过度，容易导致衰弱、代谢不良；草酸和钙累积过多，如食用磷、钙丰富的鱼类，就容易得肾结石，因此，食海鲜类的食品时尽量不饮茶；有胃病或胃肠弱的人饮茶要适量，若饮茶过量或饮浓茶，会引起肠胃道的病理变化，并形成溃疡。饮茶有利尿作用，有利于排除肾脏和尿道的残留物，但不能饮过量的浓茶，过度刺激肾脏，排尿过多不仅不利于肾脏功能，体内水分过少还会引起便秘。

饮茶要适时、适量，泡茶的方法要正确。茶有绿茶、红茶、白茶、黄茶、青茶、黑茶等，饮茶要饮用多类茶，不要长期饮用一类，适宜的饮茶才能保健，有益身心。

什么体质的人喝什么茶。一般来说，绿茶具有冷却力，对于畏寒的人是不适合的，而应该喝乌龙或红茶；低血压的人适合饮用完全发酵的红茶，以保持身体温暖。

心情郁闷或稍有感冒的时候，可以把陈皮跟茶叶一起冲泡，或饮用香味强烈的花茶、红茶。吃了太多油腻腻的肉类，可饮用绿茶、乌龙茶或普洱茶。

任务单 有关茶健康的知识你了解了吗？试着填出下面的信息吧。

1. 茶的营养成分包括_____、_____、_____、_____、_____、_____、_____。

2. 为使饮茶利于身体健康，提倡饮茶时掌握"_____为宜，_____为佳，_____随饮，饭后少饮，睡前不饮"的原则。

3. 饮茶一般分季节，春季适宜饮_____茶，夏季适宜饮_____茶，秋季适宜饮_____茶，冬季适宜饮_____茶。

任务评价

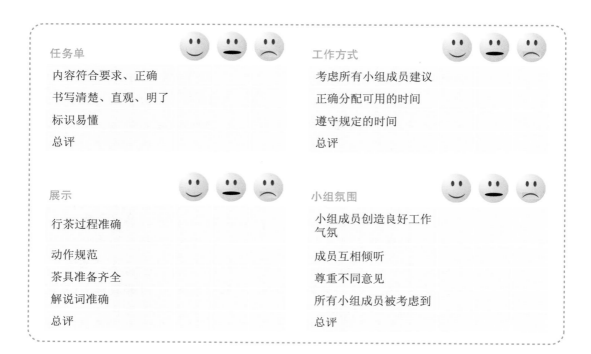

任务单

内容符合要求、正确

书写清楚、直观、明了

标识易懂

总评

工作方式

考虑所有小组成员建议

正确分配可用的时间

遵守规定的时间

总评

展示

行茶过程准确

动作规范

茶具准备齐全

解说词准确

总评

小组氛围

小组成员创造良好工作气氛

成员互相倾听

尊重不同意见

所有小组成员被考虑到

总评

任务三 有关茶艺馆

工作情境

在品茶之余，如果客人想了解关于茶艺馆的一些内容，包括茶艺馆服务人员所应提供的服务时，该如何为其介绍呢？

具体工作任务

- 了解茶艺馆的含义；
- 熟悉茶艺馆的主要类型。

活动一 茶艺馆知多少

信息页一 **茶艺馆的含义**

　　茶艺就是茶的品饮艺术，讲究茶叶品质、冲泡方法、茶具赏玩、场面陈设、敬茶礼节、品饮情趣以及精神陶冶等。茶艺馆首先出现在台湾地区。在茶艺馆里品茶，既听不到北方茶馆的吆喝阵阵、南方茶楼的喧闹声声，也看不见宴席上觥筹交错的劝酒场面，一切都在安详、平和、轻松、优雅的氛围中，茶客如同进入大自然中，全身轻松，非常惬意。茶艺馆摒弃了陈旧落后的东西，充实了社会需要的新内容，使其文化精神内涵更为丰富，体现了社会经济生活和文化精神生活上的巨大变化，这既是一种趋势，又是人类社会文明进步的表现。因此，这是历史文化的积淀，是艺术的显示，是追求丰富生活的反映，也是茶文化史上重要的里程碑。

　　茶艺馆是爱茶者的乐园，也是人们休息、消遣和交际的场所。中国的茶艺馆由来已久，据记载两晋时已有了茶艺馆。自古以来，品茗场所有多种称谓，茶艺馆的称呼多见于长江流域；两广多称为茶楼；京津多称为茶亭。此外，还有茶肆、茶坊、茶寮、茶社、茶室、茶屋等称谓。不过，茶艺馆与茶摊相比，有经营大小之分和饮茶方式的不同。茶艺馆设有固定的场所，人们在这里品茶、休闲等。茶摊没有固定的场所，是季节性的、流动式的，主要是为过往行人解渴提供方便。

信息页二 **茶艺馆的主要类型**

　　品茗喝茶，除了要有好的茶叶、好的茶具、好的水、好的泡茶技艺之外，品茗环境的设计也是重要的一环。自古以来茶人就重视品茗环境，早期喝茶的地方叫做"围"，也就是在住家客厅的一角，以屏风围起来，加以适当的摆设作为喝茶环境。后来生活条件好一些了，便逐渐腾出一个房间来，专门作为喝茶的地方，称为"茶间"。物质条件进一步提高，便建一座幽雅的房子作为专门饮茶的地方，称为"茶室"。现代茶艺馆是为了品茗而设置的专门场所。

一、仿古式茶艺馆

　　仿古式茶艺馆在装修、室内装饰、布局、人物服饰、语言、动作、茶艺表演等方面以某种古代传统为蓝本，对传统文化进行挖掘、整理，并结合茶艺的内在要求重新进行现代演绎，从总体上展示古典文化的整体面貌。各种各样的宫廷式茶楼、禅茶馆等，就是典型的仿古式茶艺馆。

仿古式茶艺馆

二、庭院式茶艺馆

庭院式茶艺馆以江南园林建筑为蓝本，结合茶艺及品茗环境的要求，设有亭台楼阁、曲径花丛、拱门回廊、小桥流水等，给人一种"庭院深深深几许"的感受。室内多陈列字画、文物、陶瓷等各种艺术品，让现代都市人在繁忙的生活中寻找、回归自然、安宁的感觉，进入"庭有山林趣，胸无尘俗思"的境界。

庭院式茶艺馆

三、园林式茶艺馆

园林式茶艺馆突出的是清新、自然的风格，或依山傍水，或坐落于风景名胜区，甚至独门大院，一般由室外空间和室内空间共同组成，营业场所往往比较大。室外是小桥流水、绿树成荫、鸟语花香，突出的是一种纯自然的风格，让人直接与大自然接触，从而达到室内人造园林达不到的品茗意境。这种风格是与现代人追求自然、返璞归真的心理需求相契合的，但它对地址的选择、环境的营造有较高的要求，因此在现代茶艺馆中为数较少。

园林式茶艺馆

四、现代式茶艺馆

现代式茶艺馆的风格比较多样化，往往根据经营者的志趣、兴趣，结合房屋的结构依势而建，各具特色。有的是家居厅堂式的，开放式的大厅与各种包房自然结合；有的设有拱门、回廊，曲径通幽；有的清雅、古朴，讲究静雅；有的豪华、富丽，讲究高档气派。内部装饰上，名人字画、古董古玩、花鸟鱼虫、报刊书籍、电脑电视等各有侧重，并与整体风格自然契合，形成相应的茶艺氛围。通常以家居厅堂式的较为多见，既有开放的大厅，又有多种风格的房间，客人能够根据兴致作出选择。现代式茶艺馆往往注重现代茶艺的开发研究，在经营理念上紧跟时代潮流，强调规范化管理和优质服务，通过营造温馨舒适、热情周到的服务氛围来吸引顾客。

现代式茶艺馆

任务单　有关茶艺馆的知识你了解了吗？试着填出下面的信息吧。

1. 茶艺馆一般有_____茶艺馆、_____茶艺馆、_____茶艺馆、_____茶艺馆。

2. 庭院式茶艺馆以_____建筑为蓝本，结合茶艺及品茗环境的要求，设有_____、曲径花丛、拱门回廊、小桥流水等，给人一种"庭院深深深几许"的感受。

3. 对传统文化进行挖掘、整理，并结合茶艺的内在要求重新进行现代演绎，从总体上展示古典文化的整体面貌。这是_____茶艺馆的特点。

活动二▶ **茶艺馆的服务程序**

信息页▶ **茶艺馆的服务程序**

服务是茶艺馆的核心产品和主要内容，服务质量是茶艺馆的生命。因此，加强服务管理就成为茶艺馆经营管理的重中之重。服务产品不同于有形的实物产品，主要具有以下几个特色。

(1) 提前15分钟到岗，由领班开例会。

(2) 进行营业区域内的清洁卫生工作，并检查营业所需用品。

(3) 当客人进店时，由迎宾员主动热情地迎接，并使用礼貌用语："您好！欢迎光临，里面请。"将客人带入茶室适合的位置。

(4) 当客人入座时应为其拉开椅子，并安置好客人携带的物品。由茶艺师(员)双手奉上茶单，并有礼貌地说："您好！这是我们茶艺馆的茶单，请您选择一下您喝哪种茶。需要我给您介绍下我们店里的特色茶吗？"同时准备好开茶单(一式三份)，完整清楚地填写。

(5) 当客人选定茶叶茶点后，应重复客人所点内容，并收回茶单，有礼貌地对客人说："请您稍等。"茶艺师(员)将开好的茶单分别送至不同岗位：①留收银台结账；②留操作间备货；③留经理对账。

(6) 将水烧上并对客人说："待水开后我会为您泡茶，我去为您准备茶叶茶点，请稍等。"

(7) 泡茶前应询问客人："先生/女士，水开了，现在可以为您泡茶了吗？需要我为您做一下茶艺讲解吗？"

(8) 得到回复后：

① 需要：做茶艺表演程序(动作熟练、轻柔，仪表端庄)。

② 不需要：做正确的茶艺操作流程(正确掌握泡茶要领)。

(9) 将(第二泡)茶汤冲好，为客人斟好茶后，将(第三泡)茶汤冲好后，对客人说："茶已为您泡上，请慢用，如有需要请您按红色按钮，我就在您的门外，随时等候为您服务。"

(10) 同时告诉客人随手泡的使用方法、应注意的问题等，然后退出。退出后注意为客人更换干果筐(七成满更换)等，倒掉茶船内的废水，更换并及时撤掉茶点盘，为客人添加泡茶用水。

(11) 根据茶叶的特性提醒客人更换茶叶，更换前征得客人的同意："先生/女士，这道茶已经很淡了，您需要换茶吗？"

(12) 客人要求结账时，将账单拿给客人说："您一共消费××元。"接过钱后说："谢谢。"将零钱同发票一起奉上说："这是找您的零钱和发票，请收好。"

(13) 客人结账后，提醒客人将未用完的茶叶及茶叶桶带走，如是店内会员可提醒客人存放茶叶。客人起身离店时，要将客人送至门口并有礼貌地说："您慢走，欢迎您再次光临！再见。"

任务单 有关茶艺馆的服务你了解了吗？试着填出下面的信息吧。

1. 服务是茶艺馆的_____和_____，服务质量是茶艺馆的生命。

2. 茶单一般一式三份：①留_____结账；②留_____备货；③留_____对账。

任务评价

任务单	☺ ☺ ☺	工作方式	☺ ☺ ☺
内容符合要求、正确		考虑所有小组成员建议	
书写清楚、直观、明了		正确分配可用的时间	
标识易懂		遵守规定的时间	
总评		总评	

展示	☺ ☺ ☺	小组氛围	☺ ☺ ☺
行茶过程准确		小组成员创造良好工作气氛	
动作规范		成员互相倾听	
茶具准备齐全		尊重不同意见	
解说词准确		所有小组成员被考虑到	
总评		总评	

绿茶的品饮与鉴赏

绿茶，又称不发酵茶，是以适宜茶树的新梢为原料，经杀青、揉捻、干燥等典型工艺过程制成的茶叶。其干茶色泽和冲泡后的茶汤、叶底以绿色为主调，故名绿茶。

任务一 绿茶赏析

工作情境 🔍

　　春天来了，安静优雅的茶艺馆内，一位客人走了进来，入座后，看了看茶单，决定点绿茶，但又不是很了解这种茶。作为茶艺师，为了更好地为客人服务，你应该掌握哪些知识呢？

具体工作任务

- 了解绿茶的特性；
- 了解绿茶的原料；
- 熟悉绿茶的主要名品。

活动一 领会客人的饮茶需求

　　在上面的情境描述中，你知道了客人的需求，那作为茶艺师应该掌握哪些相关知识呢？让我们一起了解一下吧。

信息页一 绿茶的特性

　　绿茶较多地保留了鲜叶内的天然物质，其中茶多酚、咖啡碱保留了鲜叶的85%以上，叶绿素保留50%左右，维生素损失也较少，从而形成了绿茶"清汤绿叶，滋味收敛性强"的特点。最新科学研究结果表明，绿茶中保留的天然物质成分，对防衰老、防癌、抗癌、杀菌、消炎等均有特殊效果，为其他茶类所不及。

　　中国绿茶中，名品最多，不但香高味长、品质优异，且造型独特，具有较高的艺术欣赏价值。

信息页二 绿茶原料的选择

　　绿茶有大宗绿茶和名优绿茶之分。大宗绿茶是指除名优绿茶以外的炒青、烘青、晒青等普通绿茶，大多以机械制造，产量较大，品质以中、低档为主。大宗绿茶要求鲜叶嫩度适中，一般以采一芽二叶为主，兼采一芽三叶和幼嫩的对夹叶。这种采摘标准，茶叶品质较好，产量较高，经济效益也不错，是我国目前最普遍采用的采摘标准。

名优绿茶是指造型有特色，内质香味独特，品质优异的绿茶，一般以手工制造，产量相对较低。如高级西湖龙井、洞庭碧螺春、黄山毛峰、庐山云雾等，对鲜叶嫩度要求很高，一般是采摘茶芽和一芽一叶，以及一芽二叶初展的新梢。前人称采"旗枪""莲心"茶，指的就是这个意思。这种采摘标准，花工夫，产量不多，季节性强，大多在春茶前期采摘。

信息页三　绿茶名品

我国生产的绿茶主要有西湖龙井、洞庭碧螺春、太平猴魁、信阳毛尖、雨花茶、黄山毛峰、竹叶青等。

一、西湖龙井

西湖龙井产于浙江省杭州市西湖山区的狮峰、龙井、云栖、虎跑、梅家坞，故有"狮""龙""云""虎""梅"五品之称，并以"香清、味鲜、色翠、形美"而著称。

龙井茶的品质特点为色绿光润，形似碗钉，藏锋不露，匀直扁平，香高隽永，味爽鲜醇，汤澄碧翠，芽叶柔嫩。产品中，因产地之别，品质风格略有不同。狮峰所产色泽较黄绿，如糙米色，香高持久，味醇厚；梅家坞所产，形似碗钉，色泽较绿润，味鲜爽口。

龙井茶现在分为11级，即特级、1～10级。春茶在4月初—5月中旬采摘，全年中以春茶品质最好，特级和1级龙井茶较多。

二、洞庭碧螺春

有古诗赞曰："洞庭碧螺春，茶香百里醉。"它主要产于苏州西南的太湖之滨，以江苏吴县洞庭东、西山所产为最，已有300余年历史。它有条索纤细、卷曲成螺、茸毛披露、白毫隐翠、清香幽雅、浓郁甘醇、鲜爽甜润、回味绵长的独特风格。

苏州太湖洞庭山分东、西两山，洞庭东山宛如一只巨舟伸进太湖的半岛，洞庭西山是一座屹立于湖中的岛屿，两山风景优美，气候温和湿润，土壤肥沃。茶树又间种在枇杷、杨梅、柑橘等果树之中，茶叶既具有茶的特色，又具有花果的天然香味。碧螺春的采制工艺要求极高，采摘时间从清明开始，到谷雨结束。所采之芽叶须是一芽一叶初展。制1kg干茶，要这样的芽叶12万多个。碧螺春分为7级，芽叶随1～7级逐渐增大，茸毛逐渐减少。

冲泡碧螺春茶时，先在杯中倒入开水，再放入茶叶，或用70～80℃开水冲泡。当披毫青翠的碧螺春一投入水中，白色霜毫立即溶失，随后茶叶纷纷下沉，并由卷曲而伸展，仿佛绽苞吐翠，春染叶绿。稍停，杯底出现一层碧清茶色，但上层仍是白色，淡而无味。如果倒去一半，再冲入开水，芽叶全部舒展，全杯汤色似碧玉，闻之清香扑鼻，饮之舌根含香，回味无穷。

三、太平猴魁

太平猴魁产于我国著名风景区黄山的北麓，这里低温多湿，土质肥沃深厚。山上，常年云雾缭绕，夏日夜晚凉爽，晨起云海一片，浓雾茫茫。山下，太平湖蜿蜒。幽谷中，山高林密，鸟语花香。外形两叶抱一芽，平扁挺直，不散、不翘、不曲，全身披白毫，含而不露。叶面色泽苍绿匀润，叶背浅绿，叶脉绿中藏红。入杯冲泡，芽叶成朵，不沉不浮，悬在明澈嫩绿的茶汁之中，似乎有好些小猴子在杯中伸头缩尾。猴魁茶汁清绿明亮，滋味鲜醇回甜。

猴魁的采制时间一般是在谷雨到立夏间，茶叶长出一芽三四叶时开园。分批采摘，精细挑选，取其嫩芽，弃其大叶，严格剔除虫蛀叶，保证鲜叶原料全部达到一芽二叶的标准，大小一致，均匀美观。制作时工艺精巧，杀青时用炒锅，炭火烘烤，火温在100℃以上，每杀青一次，仅投鲜叶100～150g，在锅内连炒三五分钟，制作的全过程达四五个小时。猴魁为极品茶，依其品质高低又有1～3等，或称上魁、中魁、下魁。

猴魁的包装也很考究，需趁热时装入锡罐或铁筒内，待茶稍冷后，以锡焊口封盖，使远销国外和调运到北京、天津、上海等地的猴魁久不变质。

四、信阳毛尖

信阳毛尖产于河南省大别山区的信阳县，已有2000多年的历史。茶园主要分布在车云山、集云山、云雾山、震雷山、黑龙潭等群山的峡谷之间。这里地势高峻，层峦叠嶂，溪流纵横，云雾弥漫，还有豫南第一泉"黑龙潭"和"白龙潭"，景色奇丽。正是这里的独特地形和气候，以及缕缕云雾，滋生孕育了肥壮柔嫩的茶芽，为信阳毛尖独特的风格提供了天然条件。

信阳毛尖一般自4月中下旬开采，以一芽一叶或一芽二叶初展为特级和1级毛尖；一芽二三叶可制2~3级毛尖。采摘好的鲜叶经适当摊放后进行炒制。先生炒，经杀青、揉捻，再熟炒，使茶叶达到外形细、圆紧、直、光、多白毫；内质清香，汤绿叶浓。

信阳毛尖曾荣获1915年万国博览会名茶优质奖；1959年被列为我国十大名茶之一；1982年被评为国家商业部优质产品，不仅在国内20多个省区有广泛的市场，而且还远销日本、德国、美国、新加坡、马来西亚等国家，深得中外茶友称道。

五、六安瓜片

六安瓜片产自安徽省，主要在金寨、六安、霍山三县，以金寨的齐云瓜片为最佳，齐云山蝙蝠洞所产的茶叶品质为最优，用开水冲泡后，雾气蒸腾，清香四溢。

六安瓜片采摘标准以对夹二三叶和一芽二三叶为主，经生锅、熟锅、毛火、小火、老火5道工序制成，形似瓜子形的单片，自然平展，叶缘微翘，大小均匀，不含芽尖、芽梗，色泽绿中带霜(宝绿)。

六、黄山毛峰

黄山毛峰产自安徽省黄山风景区，于清代光绪年间由谢裕泰茶庄所创制。该茶庄创始人谢静和，安徽歙县人，以茶为业，不仅经营茶庄，而且精通茶叶采制技术。1875年后，为迎合市场需求，每年清明时节，在黄山汤口、充川等地，登高山名园，采肥嫩芽尖，精心熔炒，标名"黄山毛峰"，远销东北、华北一带。

黄山风景区内海拔700~800m的桃花峰、紫云峰、云谷寺、松谷庵、吊桥庵、慈光阁一带为特级黄山毛峰主产地。风景区外周的汤口、岗材、杨村、芳村也是黄山毛峰的重要产区，历史上曾称之为黄山"四大名家"。现在黄山毛峰的生产已扩展到黄山山脉南北麓的黄山市徽州区、黄山区、教县、移县等地。这里山高谷深，层峦叠嶂，溪涧遍布，森林茂密，气候温和，雨量充沛，年平均温度15~16℃，年平均降水量1800~2000mm。土壤属山地黄壤，土层深厚，质地疏松，透水性好，含有丰富的有机质和磷钾肥，适宜茶树生长。优越的生态环境为黄山毛峰自然品质风格的形成创造了极好的条件。

黄山毛峰分为特级、1~3级，其中特级黄山毛峰又分为上、中、下3等，1~3级各分2等。特级黄山毛峰堪称我国毛峰之极品，其形似雀舌，匀齐壮实，峰显毫露，色如象牙，鱼叶金黄；内质清香高长，汤色清澈，滋味鲜浓、醇厚、甘甜；叶底嫩黄，肥壮成朵。其中"黄片"和"象牙色"是特级黄山毛峰，外形与其他毛峰相比有明显特征。

七、安吉白茶

安吉白茶属于绿茶类，与中国6大茶类之中的"白茶类"中的白毫银针、白牡丹属于不同的品种。白毫银针、白牡丹是用福鼎大白茶种制作成的，而安吉白茶是一种特殊的白叶茶品种，色白是由品种而来。安吉白茶既是茶树的珍稀品种，也是茶叶的名贵品名。

早春幼嫩芽呈玉白色，以一芽二叶为最白。春茶后期随气温升高，光照增强，叶色逐渐转为花白相间。气温超过29℃时，夏秋茶为绿色，故而安吉白茶采摘时间只在春季20天左右，一年采一次，每年采摘时间都不一样，视气温而定，不分清明前后茶。安吉白茶有个白化过程，气温升至一定值时，白化最好，氨基酸含量最高，这时采摘的安吉白茶内质最好。其他茶类是根据季节采摘，一般采摘多次。安吉白茶茶量低，亩产一般在10kg左右。

精品安吉白茶：外形看上去，条直显芽、芽壮匀整、嫩绿鲜活、透着金黄，冲泡后叶白脉绿，这是识别安吉白茶的标志。安吉白茶经生化测定，氨基酸含量高达10.6%，为普通绿茶的2倍以上，茶多酚含量则在10%～14%。安吉白茶口感非常好，不苦不涩，清香扑鼻。

八、竹叶青

竹叶青产于四川省峨眉山区，属炒青绿茶。因陈毅1964年游峨眉山万年寺品茶，赞美茶形美似竹叶，汤色清莹碧绿，遂得名"竹叶青"。峨眉山以山峰相对如峨眉而得名，有大峨、二峨、三峨之分，一般所说的峨眉山是指大峨。这里气候垂直分布明显，故有"植物王国"之称，珍贵动物也很多，加之峰峦挺秀，山势雄伟，誉称"峨眉秀天下"。

竹叶青茶采用的鲜叶十分细嫩，加工工艺也十分精细。一般在清明前3～5天开采，标准为一芽一叶或一芽二叶初展，鲜叶嫩匀，大小一致。其品质特点是：外形扁平，两头尖细，形似竹叶，内质香气高鲜，汤色清明，滋味浓醇，叶底均匀。

📖任务单 有关绿茶的知识你了解了吗？试着填出下面的信息吧。

1. 绿茶属于_____茶。

2. 绿茶的主要名品有_____、_____、_____、_____、_____、_____、_____、_____等。

3. 猴魁的采制时间一般是在_____到_____间，茶叶长出一芽三四叶时开园。

活动二 绿茶的辨识

绿茶种类很多，如何辨别好的绿茶是一项比较难的工作。作为茶艺师应该掌握哪些相关知识呢？让我们一起了解一下吧。

信息页一 辨别绿茶的方法

一、外形

茶叶的外形包括色泽在内，是决定茶叶品质的重要因素。

审评外形：检验茶叶外形松紧、整碎、粗细、轻重、均匀程度，及片、梗含量与色泽。

嫩度：茶叶的老嫩与品质有密切关系。凡茶身紧结重实、完整饱满、芽头多、有苗锋的，均表示叶嫩、品质好；反之，茶身枯散、碎断轻飘、粗大者为老茶制成，品质较次。

净度：即成品茶内含有梗、片、末、籽及其他杂质的程度。

匀度：是指茶叶是否整齐一致，长短粗细相差甚小者为佳。

色泽：凡色泽柔和、光滑明亮、油润鲜艳的，通常称为原料细嫩或做工精良的产品，品质优，反之则次。

二、香气

香气，北方通称"茶香"。茶叶经开水冲泡5分钟后，倾出茶叶于审评碗内，嗅其香气是否正常。以花香、果香、蜜糖香等令人喜爱的香气为佳。而烟、馊、霉、老火气味，往往是由于制作处理不良或包装储藏不良所致。

三、滋味

凡茶汤醇厚、鲜浓者表示水浸出物含量多而且成分好；茶汤苦涩、粗老表示水浸出物成分不好；茶汤软弱、淡薄表示水浸出物含量不足。

四、汤色

审评汤色主要是区别品质的新鲜程度和鲜叶的老嫩程度。最理想的汤色是清碧明亮。低级或变质的茶叶，则水色浑浊而晦暗。

五、叶底

茶的品质差别较大，可根据外观和泡出的茶汤、叶底进行鉴别。审评叶底主要是看色泽及老嫩程度。芽尖及组织细密而柔软的叶片越多，表示茶叶嫩度越高。叶质粗糙而硬薄，则表示茶叶粗老及生长情况不良。色泽明亮调和且质地一致，表示制茶技术处理良好。

信息页二 春茶、夏茶和秋茶

春茶外形芽叶硕壮饱满、色墨绿、润泽，条索紧结、厚重；泡出的茶汤味浓、甘醇爽口，香气浓，叶底柔软明亮。

夏茶外形条索较粗松，色杂，叶芽木质分明；泡出的茶汤味涩，叶底质硬，叶脉显露，夹杂铜绿色叶子。

秋茶外形条索紧细、丝筋多、轻薄、色绿；泡出的茶汤色淡，汤味平和、微甜，香气淡，叶底质柔软，多铜色单片。

信息页三 高山茶和平地茶

高山茶外形条索厚重，色绿，富光泽；泡出的茶汤色泽绿亮，香气持久，滋味浓厚，叶底明亮、柔软。

平地茶外形条索细瘦、露筋、轻薄，色黄绿；泡出的茶汤色清淡，香气平淡，滋味醇和，叶底较硬，叶脉显露。

信息页四 新茶和陈茶

新茶外观色泽鲜绿，有光泽，闻有浓郁茶香；泡出的茶汤色泽碧绿，有清香、兰花香、熟板栗香味等，滋味甘醇爽口，叶底鲜绿明亮。

陈茶外观色黄晦暗，无光泽，香气低沉，如对茶叶用口吹热气，湿润的地方叶色黄且干涩，闻有冷感；泡出的茶汤色泽深黄，味虽醇厚但不爽口，叶底陈黄欠明亮。

新茶的特点是色泽、气味、滋味均有新鲜爽口的感觉，含水量较低，茶质干硬且脆，手指捏之能成粉末，茶梗易折断。

而存放一年以上的陈茶却是色泽枯黄，香气低沉，滋味平淡，饮时有令人讨厌的陈旧味。陈茶储放日久，含水量较高，茶制柔软，手捏不能成为粉末，茶硬且不易折断。

新茶色香味俱佳，旧茶色香味欠佳，放置时间长的茶叶喝了对人体不但没有好处反而会产生副作用，比如口味发涩、喝后胃胀等。那么如何区分新旧茶呢？

(1) 观色法：新茶颜色鲜，绿意明显；旧茶则色泽发暗、发黑，绿意明显比新茶差。

(2) 干湿分辨法：新茶刚刚上市时，除非商家造假，一般比较干燥；旧茶因放置时间较长，受返潮影响会使茶叶手感稍重，用手摩擦，没有清脆的摩擦音。

(3) 辨味法：新茶香味浓郁，新鲜自然；旧茶香味偏淡，缺少鲜味。个别商家旧茶能够熏出香味，但这样的茶香味道不够纯正，不过，只要仔细辨别，一般都能够区分出来。

(4) 辨别细毫法：许多绿茶炒制成型后，能够形成自然的细毛，这样的茶叶一般是芽尖，价格比较高，喝起来口感清爽、甜香，是茶叶中的名品。但放置时间长了，会使细毛凝聚成不易察觉的小团，这样的茶叶泡出来色香味都大打折扣。新茶细毛自然连接在叶片上，尚未脱落，仔细辨别，可以区分出新旧茶的差别。

一看：看的是茶叶的外形和色泽。好茶叶的色泽基本上是翠绿的，而且芽头的条形也比较均匀。此外，还要特别留意茶叶里是否有老叶或死叶，如果有，则茶叶品质一般。

二闻：如果茶叶看起来不错，接着可以把茶叶拿起来闻一闻。一般好茶闻起来会有一股扑鼻的清香；而品质不佳的茶叶闻起来会有一股霉味，像闷过似的。

三泡：有的茶叶虽然看起来色泽不错，但有可能是在制作过程中添加了某种化学原料。因此，在选购茶叶时，最好能将其泡开品尝一下。一般情况下，好茶叶泡开的茶很清透，反之则浑浊。当然，在泡开茶后也有必要品味一番。如果喝到的茶清爽润喉、唇齿留香，一般是好茶。反之，如果喝到嘴里苦涩发麻，很可能是夏暑茶，品质不会太好。

🔖 任务单　有关绿茶的知识你了解了吗？

一、辨别绿茶的要点。

1. 辨别绿茶主要从_____、_____、_____、_____和_____几个方面入手。

2. 新茶的特点是_____、_____、_____均有新鲜爽口的感觉，含水量较低，茶质干硬且脆，手指捏之能成粉末，茶梗易折断。

3. 区分新旧茶的方法有_____、_____、_____、辨别细毫法。

二、总结归纳挑选绿茶的标准。

任务评价 ✅

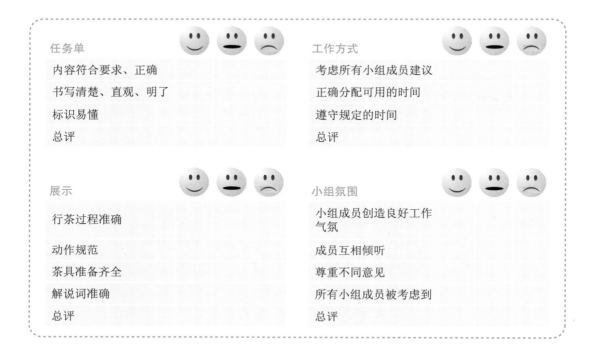

任务单	😊	😐	😞
内容符合要求、正确			
书写清楚、直观、明了			
标识易懂			
总评			

工作方式	😊	😐	😞
考虑所有小组成员建议			
正确分配可用的时间			
遵守规定的时间			
总评			

展示	😊	😐	😞
行茶过程准确			
动作规范			
茶具准备齐全			
解说词准确			
总评			

小组氛围	😊	😐	😞
小组成员创造良好工作气氛			
成员互相倾听			
尊重不同意见			
所有小组成员被考虑到			
总评			

任务二 西湖龙井的鉴赏与品饮

工作情境 🔍

安静优雅的茶艺馆内，一位客人走了进来，入座后，看了看茶单，决定点西湖龙井，但又不是很了解这种茶。茶艺师为客人介绍了西湖龙井的相关知识，并规范地为客人冲泡。

具体工作任务

- 了解西湖龙井的特点；
- 熟悉西湖龙井的制作加工过程；
- 熟悉西湖龙井的冲泡步骤；
- 测试、判断西湖龙井的冲泡步骤，写在任务单中；
- 写出本组练习情况及注意事项。

活动一 ▶ 西湖龙井点茶服务

在上述工作情境中，你了解了客人的需求，作为茶艺师，你该如何为客人介绍这种茶呢？

信息页一 ▶ 介绍西湖龙井

西湖龙井茶是我国第一名茶，素享"色绿、香郁、味醇、形美"四绝之美誉。它集中产于杭州西湖山区的狮峰山、梅家坞、翁家山、云栖、虎跑、灵隐等地。这里森林茂密，翠竹婆娑，气候温和，雨量充沛，沙质土壤深厚，一片片茶园就处在云雾缭绕、浓荫笼罩之中。

西湖龙井的采制技术相当考究，有3大特点：一是早，二是嫩，三是勤。清明前采制的龙井茶品质最佳，称明前茶。谷雨前采制的品质尚好，称雨前茶。采摘十分强调细嫩和完整，必须是一芽一叶。通常制造1kg特级西湖龙井茶，需要采摘7万～8万个细嫩芽叶，经过挑选后，放入温度在80～100℃光滑的特

制锅中翻炒，通过"抓、抖、搭、捺、甩、堆、扣、压、磨"炒制出色泽翠绿、外形扁平光滑、形如"碗钉"、汤色碧绿、滋味甘醇鲜爽的高品质西湖龙井茶。

品尝高级龙井茶时，多用无色透明的玻璃杯，以80℃左右的开水进行冲泡。冲泡后叶芽形如一旗一枪，簇立杯中，交错相映，芽叶直立，上下沉浮，栩栩如生，宛如青兰初绽，翠竹色艳。品饮欣赏，齿颊留芳，沁人肺腑。

信息页二 ▶ 西湖龙井的制作过程

西湖龙井的制作加工过程：鲜叶→杀青→揉捻→干燥→毛茶，具体如表2-2-1所示。

表2-2-1　西湖龙井的制作过程

步骤	具体内容	图片
鲜叶	从茶树上摘下来的嫩叶	

(续表)

步骤	具体内容	图片
杀青	用高温把茶青炒熟或蒸熟,以便抑制茶青继续发酵	
揉捻	可分为手工揉捻和机械揉捻	
干燥	干燥的目的是将茶叶的形状固定,以利于保存,使之不容易变坏	
毛茶	即初制茶叶或半成品	

知识链接

龙井茶与虎跑泉的传说

传说乾隆皇帝下江南时,来到杭州龙井狮峰山下,看乡女采茶以体察民情。一天,乾隆看见几个乡女正在10多棵墨绿墨绿的茶树前采茶,心中一乐,也学着采了起来。刚采了一把,忽然太监来报:"太后有病,请皇上急速回京。"乾隆皇帝听说太后娘娘有病,随手将一把茶叶向袋内一放,日夜兼程赶回京城。其实太后只因山珍海味吃多了,一时肝火上升,双眼红肿,胃里不适,并没有大病。此时见皇儿来到,只觉一股清香传来,便问带来什么好东西。皇帝也觉得奇怪,哪来的清香呢?他随手一摸,啊,原来是杭州狮峰山的一把茶叶,几天过后已经干了,浓郁的香气就是它散发出来的。太后便想尝尝茶叶的味道,宫女将茶泡好后送到太后面前,果然清香扑鼻。太后喝了一口,双眼顿时舒适多了。喝完茶,红肿消了,胃不胀了,太后高兴地说:"杭州龙井的茶叶,真是灵丹妙药。"乾隆见太后这么高兴,立即传令下去,将杭州龙井狮峰山下胡公庙前那18

棵茶树封为御茶，每年采摘新茶，专门进贡太后。至今，杭州龙井村胡公庙前还保存着这18棵御茶。

龙井茶、虎跑泉素称"杭州双绝"。虎跑泉是怎么来的呢？传说很早以前有兄弟两人，名为大虎和二虎。两人力大过人，有一年来到杭州，想住在现在虎跑的小寺院里。和尚告诉他俩："这里吃水困难，要翻几道岭去挑水。"兄弟俩说："只要能住，挑水的事我们包了。"于是，和尚收留了兄弟俩。有一年夏天，天旱无雨，小溪也干涸了，吃水更困难了。一天，兄弟俩想起流浪时到过南岳衡山的"童子泉"，如能将童子泉移到杭州就好了。兄弟俩决定去移童子泉，一路奔波，刚到衡山脚下就昏倒了。忽然，狂风大作，暴雨如注。风停雨住后，他俩醒来，只见眼前站着一位手拿柳枝的小童，这就是管"童子泉"的小仙人。小仙人听了他俩的诉说后用柳枝一指，水洒在他俩身上。霎时，兄弟俩变成两只斑斓老虎。小仙人跃上虎背，老虎仰天长啸一声，带着"童子泉"直奔杭州而去。老和尚和村民们夜里做了一个梦，梦见大虎、二虎变成两只猛虎，把"童子泉"移到了杭州，天亮就有泉水了。第二天，天空霞光万朵，两只老虎从天而降，猛虎在寺院旁的竹园里用前爪刨地，不一会儿就刨了一个深坑。这时，突然下起了大雨。雨停后，只见深坑里涌出一股清泉。大家明白了，这是大虎和二虎给他们带来的泉水。为了纪念大虎和二虎，他们给泉水起名"虎刨泉"，后来为了顺口就叫"虎跑泉"。这虽然是一个神话传说，但是，用虎跑泉泡龙井茶，色香味绝佳，却是名不虚传的现实。如今到虎跑茶室，就可品尝到这"双绝"佳饮。

📖 任务单 有关西湖龙井茶的知识你了解了吗？试着填出下面的信息吧。

  1. 西湖龙井属于_____茶。

  2. 西湖龙井的制作过程有_____、_____、_____、_____、_____。

  3. 西湖龙井的四绝是_____、_____、_____、_____。

活动二 ▶ 西湖龙井的品饮与沏泡

信息页一 ▶ 沏泡西湖龙井的茶具(如表2-2-2所示)

表2-2-2　沏泡西湖龙井的茶具

茶具名称	图片
茶艺用具	
茶仓	
壶承	
水方	
玻璃杯	

(续表)

茶具名称	图片
茶荷	
随手泡	

信息页二 西湖龙井的沏泡过程

一、准备阶段

茶具的准备：茶具按要求摆放整齐、合理。

茶叶的准备：将客人点好的西湖龙井用茶荷准备好。

人员的准备：服装干净整齐，穿中式服装。

坐姿的要求：抬头、挺胸、收腹，双手放在茶巾上，面带微笑。

二、操作阶段

第一步：(问好)大家好，今天由我为您做茶。

第二步：首先介绍茶具，壶承、水方、玻璃杯、茶仓、茶艺用具、茶荷、随手泡等。

第三步：温杯。温杯的目的在于提高杯子的温度，在稍后放入茶叶冲泡热水时，不致冷热悬殊。

用玻璃杯沏泡绿茶有3种方法：上投法、中投法和下投法。上投法是先投水后投茶；中投法是先投水再投茶再投水；下投法是先投茶再投水。今天我们采用的是下投法。

第四步：盛茶。将茶叶拨至茶荷中。

第五步：赏茶。今天为大家沏泡的是西湖龙井，请赏茶。

第六步：置茶。置茶时要均匀、适量。

第七步：冲水。冲水至杯的7分满。

第八步：奉茶。

第九步：做茶完毕，谢谢大家。

三、结束阶段

清理茶具。

知识链接

茶道礼法

品饮名优绿茶，冲泡前，可先欣赏干茶的色、香、形。名优绿茶的造型，因品种而异，或条状，或扁平，或螺旋形，或若针状等；其色泽，或碧绿，或深绿，或黄绿，或白里透绿等；其香气，或奶油香，或板栗香，或清香等。冲泡时，倘若采用透明玻璃杯，则可观察茶在水中的缓慢舒展，游弋沉浮，这种富于变幻的动态，茶人称其为"茶舞"。冲泡后，则可端杯(碗)闻香，此时，汤面冉冉上升的雾气中夹杂着缕缕茶香，犹如云蒸霞蔚，使人心旷神怡。接着是观察茶汤颜色，或黄绿碧清，或淡绿微黄，或乳白微绿；亦可隔杯对着阳光透视茶汤，可见到有微细茸毫在水中游弋，闪闪发光，此乃细嫩名优绿茶的一大特色。尔后，端杯小口品吸，尝茶汤滋味，缓慢吞咽，让茶汤与舌头味蕾充分接触，则可领略到名优绿茶的风味；若舌和鼻并用，还可从茶汤中品出嫩茶香气，有沁人肺腑之感。品尝头开茶，重在品尝名优绿茶的鲜味和茶香。品尝二开茶，重在品尝名优绿茶的回味和甘醇。至于三开茶，一般茶味已淡，也无更多要求，能尝到茶味即可。一杯茶汤在手，可从3个方面去欣赏：一是观色，二是闻香，三是品味。但不同品种的茶在欣赏方法上亦各有不同。

任务单　西湖龙井沏泡服务

任务内容	需要说明的问题
1. 西湖龙井的特点	
2. 西湖龙井的制作过程	
3. 西湖龙井的分类	
4. 茶具的准备	
5. 人员的要求	
6. 茶叶的准备	
7. 沏泡过程	
8. 注意事项	

任务评价

任务单	☺	😐	☹
内容符合要求、正确			
书写清楚、直观、明了			
标识易懂			
总评			

工作方式	☺	😐	☹
考虑所有小组成员建议			
正确分配可用的时间			
遵守规定的时间			
总评			

展示	☺	😐	☹
行茶过程准确			
动作规范			
茶具准备齐全			
解说词准确			
总评			

小组氛围	☺	😐	☹
小组成员创造良好工作气氛			
成员互相倾听			
尊重不同意见			
所有小组成员被考虑到			
总评			

黄茶的品饮与鉴赏

人们从炒青绿茶中发现，由于杀青、揉捻后干燥不足或不及时，叶色即变黄，于是产生了新的品类——黄茶。黄茶的品质特点是"黄叶黄汤"，这种黄色是制茶过程中渥堆闷黄的结果。黄茶属于发酵类茶。

任务一 **黄茶赏析**

工 作 情 境

对于黄茶，平时似乎很少有人了解。在茶艺馆，客人入座后，看了看茶单，问茶艺师什么是黄茶，于是茶艺师提议客人尝试一下。客人同意了，决定点黄茶，但又不是很了解这种茶，此时该如何向客人介绍呢？

具体工作任务

- 了解黄茶的特性；
- 了解黄茶有哪些品种；
- 根据客人口味进行茶品推荐。

活动一 领会客人的饮茶需求

在上面的情境描述中，你知道了客人的需求，作为茶艺师，应该掌握哪些相关知识呢？让我们一起了解一下吧。

信息页一 黄茶的特性

黄茶是我国的特产，其品质特点是"黄叶黄汤"。黄茶的杀青、揉捻、干燥等工序制法均与绿茶相似，其最重要的工序在于闷黄，这是形成黄茶特点的关键，主要做法是将杀青和揉捻后的茶叶用纸包好，或堆积后以湿布盖之，时间以几十分钟或几个小时不等，促使茶坯在水热作用下进行非酶性的自动氧化，形成黄色。

信息页二 黄茶的名品

黄茶，按其鲜叶嫩度和芽叶大小，分为黄芽茶、黄小茶和黄大茶3类。黄芽茶主要有君山银针、蒙顶黄芽和霍山黄芽。黄芽茶之极品是湖南洞庭君山银针，安徽霍山黄芽亦属黄芽茶的珍品。黄小芽主要有北港毛尖、沩山毛尖、远安鹿苑茶、皖西黄小茶、浙江平阳黄汤等。黄大茶有安徽霍山、金寨、六安、岳西和湖北英山所产的黄茶和广东大叶青等。

一、君山银针

君山银针产自湖南省岳阳市的君山岛。当地所产之茶，形似银针，满披白毫，故称君山银针。一般认为此茶始于清代。因其质量优良，曾在1956年国际莱比锡博览会上获得金质奖章。君山银针的品质特点是：外形芽头肥壮挺直、匀齐、满披茸毛、色泽金黄泛光，有"金镶玉"之称；冲泡后，香气清鲜，滋味甜爽，汤色浅黄，叶底黄明；头泡时，茶芽竖立，冲向水面，然后徐徐落下立于杯底，如群笋出土，金枪直立，汤色茶影，交相辉映，非常美观。

二、霍山黄芽

霍山黄芽产自安徽省霍山，为唐代名茶之一，清代为贡茶，以后失传，现在的霍山黄芽是20世纪70年代初恢复生产的。主要集中于佛子岭水库上游的大化坪、姚家畈、太阳河一带，其中以大化坪的金鸡坞、金山头、金竹坪和乌米尖，即"三金一乌"所产的黄芽品质为最佳。

霍山黄芽的品质特点是：形似雀舌，芽叶细嫩，多毫，色泽黄绿；冲泡后，香气鲜爽，有熟板栗香，滋味醇厚回甘，汤色黄绿清明，叶底黄亮嫩匀。

三、温州黄汤

温州黄汤产于浙江泰顺、平阳、瑞安、永嘉等县。品质以泰顺东溪和平阳北港所产为最好。温州黄汤始创于清代，至今已有200余年的历史。它以香清高，味鲜醇，汤橙黄，茶成朵，而畅销江南、华北、东北等地。

温州黄汤的品质特点是：条索细紧纤秀，色泽黄绿多毫；冲泡后，香气清新高锐，滋味鲜醇爽口，汤色橙黄明亮，叶底成朵匀齐。

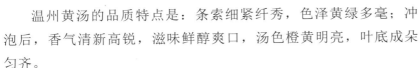

任务单　有关黄茶的知识你了解了吗？

1. 黄茶，按其鲜叶嫩度和芽叶大小，分为＿＿＿＿＿＿、＿＿＿＿＿＿和＿＿＿＿＿＿。
2. 黄茶的品质特点是"＿＿＿＿＿＿"。
3. 温州黄汤始创于＿＿＿＿＿＿，至今已有200余年的历史。

活动二 ▶ 黄茶的辨识

信息页 ▶ **辨别黄茶的方法**

　　黄茶因品种和加工技术不同，形状有明显差别。如君山银针以形似针、芽头肥壮、满披毛为好，芽瘦扁、毫少为差。蒙顶黄芽以条扁直、芽壮多毫为上，条弯曲、芽瘦少为差。鹿苑茶以条索紧结卷曲呈环形、显毫为佳，条松直、不显毫为差。黄大茶以叶肥厚成条、梗长壮、梗叶相连为好，叶片长、梗细短、梗叶分离或梗断叶破为差。黄大茶干嗅香气以火功足、有锅巴香为好，火功不足为次，有青闷气或粗青气为差。评内质汤色，以黄汤明亮为优，黄暗或黄浊为次。香气，以清悦为优，有闷浊气为差。滋味，以醇和鲜爽、回甘、收敛性弱为好，苦、涩、淡、闷为次。叶底，以芽叶肥壮、匀整、黄色鲜亮为好，芽叶瘦薄黄暗为次。

📖❓ **任务单　有关黄茶的知识你了解吗？**

　　一、辨别黄茶的要点。

　　1. 辨别君山银针要＿＿＿＿＿＿＿＿＿＿＿＿＿＿＿＿＿＿。

　　2. 选购黄茶是从＿＿＿＿＿＿＿＿＿＿＿＿＿＿＿＿方面鉴别的。

　　3. 评内质汤色，以黄汤明亮为优，＿＿＿＿＿或黄浊为次。

　　二、总结归纳挑选黄茶的标准。

任务评价

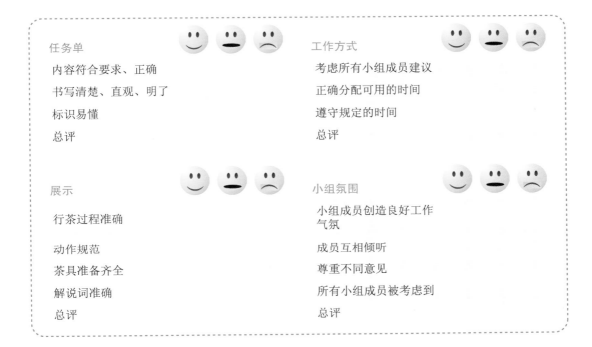

任务单	😊 😐 ☹️	工作方式	😊 😐 ☹️
内容符合要求、正确		考虑所有小组成员建议	
书写清楚、直观、明了		正确分配可用的时间	
标识易懂		遵守规定的时间	
总评		总评	
展示	😊 😐 ☹️	小组氛围	😊 😐 ☹️
行茶过程准确		小组成员创造良好工作气氛	
动作规范		成员互相倾听	
茶具准备齐全		尊重不同意见	
解说词准确		所有小组成员被考虑到	
总评		总评	

任务二　君山银针的鉴赏与品饮

工作情境

正值春季，一位客人走进茶艺馆，经询问客人点了一杯君山银针，但又不是很了解这种茶。茶艺师为客人介绍了君山银针的相关知识。

具体工作任务

- 了解君山银针的特点；
- 熟悉君山银针的制作加工过程；
- 写出本组练习情况及注意事项。

活动一 君山银针点茶服务

在上面的情境描述中，你知道了客人的需求，那么作为茶艺师，你该如何为客人介绍这种茶呢？

信息页一 介绍君山银针

一、产地

君山银针产自湖南省岳阳市君山岛，其是洞庭湖中一小岛，海拔90m。岛上砂质土壤，深厚肥沃，竹林茂盛。年平均温度16～17℃，年平均降雨量1340mm，3—9月间相对湿度约为80%，春夏季湖水蒸发，云雾弥漫，岛上竹木丛生，生态环境优越，茶叶天然品质优良，清代即纳入贡茶。

二、特点

君山银针是由不带叶片的单个芽头制成的。芽头壮实挺直，色泽浅黄光亮，满披银毫，称为"金镶玉"。在用玻璃杯冲泡君山银针时，可见芽头在杯中直挺竖立，壮似群笋出土，又如尖刀直立，时而悬浮于水面，时而徐徐下沉杯底，忽升忽降，能"三起三落"。君山银针的品质特点：内质香气清纯，滋味甜爽，汤色鹅黄明亮，叶底嫩黄匀亮。

信息页二 君山银针的制作过程

君山银针的制作加工过程(杀青→摊晾→初烘→初包→复烘与摊晾→复包→足火→储藏)特别精细，且别具一格，如表3-2-1所示。

表3-2-1 君山银针的制作过程

步骤	具体内容	图片
杀青	在20℃的斜锅中进行，锅子在鲜叶杀青前磨光打蜡，火温掌握"先高(100～120℃)后低(80℃)"，每锅投叶量300g左右。茶叶下锅后，两手轻轻捞起，由怀内向前推去，再上抛抖散，让茶芽沿锅下滑。动作要灵活、轻巧，切忌重力摩擦，防止芽头弯曲、脱毫、茶色深暗。经4～5分钟，芽蒂萎软清气消失，发出茶香，减重率达30%左右，即可出锅	

(续表)

步骤	具体内容	图片
摊晾	杀青叶出锅后，盛于小篾盘中，轻轻扬簸数次，散发热气，清除细末杂片。摊晾4～5分钟，即可初烘	
初烘	放在炭火炕灶上初烘，温度掌握在50～60℃，烘20～30分钟，至5成干左右。初烘程度要掌握适当，过干，初包闷黄时转色困难，叶色仍青绿，达不到香高色黄的要求；过湿，香气低闷，色泽发暗	
初包	初烘叶稍经摊晾，即用牛皮纸包好，每包1.5kg左右，置于箱内，放置40～48小时，谓之初包闷黄，以促使君山银针特有色香味的形成，此为君山银针制作的重要工序	
复烘与摊晾	复烘的目的在于进一步蒸发水分，固定已形成的有效物质，减缓在复包过程中某些物质的转化	
复包	方法与初包相同，历时20小时左右，待茶芽色泽金黄，香气浓郁即为适度	
足火	足火温度50～55℃，烘量每次约0.5kg，焙至足干止。加工完毕，按芽头肥瘦、曲直、色泽亮暗进行分级，以壮实、挺直、亮黄者为上；瘦弱、弯曲、暗黄者次之	

(续表)

步骤	具体内容	图片
储藏	将石膏烧热捣碎，铺于箱底，上垫两层皮纸，将茶叶用皮纸分装成小包，放在皮纸上面，封好箱盖。只要注意适时更换石膏，银针品质便可经久不变	

任务单 有关君山银针的知识你了解了吗？试着填出下面的信息吧。

1. 君山银针属于_____茶。

2. 君山银针的制作过程有_____、_____、_____、_____、_____、_____、_____、_____。

3. 君山银针的内质香气_____，滋味_____，汤色_____，叶底_____。

4. 君山银针沏泡后有"_____"的特点。

活动二 ▶ 君山银针的品饮与沏泡

信息页一 ▶ **介绍沏泡君山银针的茶具(如表3-2-2所示)**

表3-2-2　沏泡君山银针的茶具

茶具名称	图片
玻璃杯	
随手泡	

(续表)

茶具名称	图片
茶艺用具	
茶荷	
壶承	
水方	

信息页二　君山银针的沏泡过程

一、准备阶段

茶具的准备：茶具按要求摆放整齐、合理。

茶叶的准备：将客人点好的君山银针用茶荷准备好。

人员的准备：服装干净整齐，穿中式服装。

坐姿的要求：抬头、挺胸、收腹，双手放在茶巾上，面带微笑。

二、操作阶段

黄茶的冲泡方法与绿茶的冲泡方法有些相似，注重观赏性，但由于黄芽茶与名优绿茶相比，原料更为细嫩，因此，十分强调茶的冲泡技术和程度。以君山银针为例，黄茶的冲泡程序如下。

第一步：(问好)大家好，今天由我为您做茶。

第二步：介绍茶具。

第三步：温杯。

温杯的目的在于提高杯子的温度，为稍后放入茶叶冲泡热水时，不致冷热悬殊。

第四步：盛茶。

将茶叶拨至茶荷中。

第五步：赏茶。

今天为大家冲泡的是君山银针，请赏茶。

第六步：置茶。

置茶时要均匀、适量。

第七步：冲水。(讲解君山银针的品质特点)

冲水至杯7分满。

君山银针产于湖南岳阳的洞庭山，洞庭山又称君山。当地所产之茶，形似针，满披白毫，故称君山银针。一般认为此茶始于清代。

君山银针的品质特点是：外形芽头肥壮挺直、匀齐、满披茸毛、色泽金黄泛光，有"金镶玉"之称；冲泡后，香气清鲜，滋味甜爽，汤色浅黄，叶底黄明；头泡时，茶芽竖立，冲向水面，然后徐徐下立于杯底，如群笋出土，金枪直立，汤色茶影，交相辉映，构成一幅美丽的图画。

第八步：奉茶。

第九步：做茶完毕，谢谢大家。

三、结束阶段

清理茶具。

知识链接

冲泡黄茶的诀窍

以冲泡君山银针为例。先赏茶，洁具，并擦干杯中水珠，以避免茶芽吸水而降低茶芽竖立率。置茶3g，将70℃的开水先快后慢冲入茶杯，至1/2处，使茶芽湿透。稍后，再冲至七八分满为止。为使茶芽均匀吸水，加速下沉，这时可加盖，5分钟后，去掉盖。在水和热的作用下，其茶姿的形态、茶芽的沉浮、气泡的产生等，都是冲泡时所罕见的。只见茶芽在杯中上下浮动，最终个个林立，俗称"三起三落"。

任务单　黄茶沏泡服务

任务内容	需要说明的问题
1. 黄茶的特点	
2. 黄茶的制作过程	
3. 黄茶的分类	
4. 茶具的准备	
5. 人员的要求	
6. 茶叶的准备	
7. 沏泡过程	
8. 注意事项	

任务评价

任务单	☺ ☹ ☹	工作方式	☺ ☹ ☹
内容符合要求、正确		考虑所有小组成员建议	
书写清楚、直观、明了		正确分配可用的时间	
标识易懂		遵守规定的时间	
总评		总评	

展示	☺ ☹ ☹	小组氛围	☺ ☹ ☹
行茶过程准确		小组成员创造良好工作气氛	
动作规范		成员互相倾听	
茶具准备齐全		尊重不同意见	
解说词准确		所有小组成员被考虑到	
总评		总评	

白茶的品饮与鉴赏

白茶，属轻微发酵茶，是我国茶类中的特殊珍品。因其成品茶多为芽头，满披白毫，如银似雪而得名。白茶历史悠久，其清雅芳名的出现，迄今已有880余年。

任务一 白茶赏析

工作情境 🔍

对于白茶，很多人是陌生的。春天来了，新茶上市了。在茶艺馆，客人入座后，看了看茶单，决定点白茶，但又不是很了解这种茶。茶艺师为客人介绍了白茶的相关知识，并根据客人口味进行茶品推荐。

具体工作任务

- 了解白茶的特性；
- 了解白茶有哪些品种；
- 根据客人口味进行茶品推荐。

活动一 领会客人的饮茶需求

在上面的情境描述中，你知道了客人的需求，作为茶艺师，应该掌握哪些相关知识呢？让我们一起了解一下吧。

信息页一 白茶的特性

白茶，顾名思义，这种茶是白色的，一般地区不多见。白茶是我国的特产，主要产于福建省的福鼎、政和、松溪和建阳等县，台湾省也有少量生产。白茶生产已有200年左右的历史，最早是由福鼎县首创的。该县有一种优良品种的茶树——福鼎大白茶，茶芽叶上披满白茸毛，是制茶的上好原料，最初采用这种茶片生产出白茶。

茶色为什么是白色呢？这是由于人们采摘了细嫩、叶背多白茸毛的芽叶，加工时不炒不揉，晒干或用文火烘干，使白茸毛在茶的外表完整地保留下来。

白茶最主要的特点是毫色银白，素有"绿妆素裹"之美感，且芽头肥壮，汤色黄亮，滋味鲜醇，叶底嫩匀。冲泡后品尝，滋味鲜醇可口，还能起药理作用。中医药理证明，白茶性清凉，具有退热降火之功效。

信息页二　白茶的名品

白茶的主要品种有白毫银针、白牡丹和寿眉。采自大白茶树的肥芽制成的白茶称为"白毫银针"，因其色白如银，外形似针而得名，是白茶中最名贵的品种。其香气清新，汤色淡黄，滋味鲜爽，是白茶中的极品。白牡丹因其绿叶夹银白色毫心，形似花朵，冲泡后绿叶托着嫩芽，宛如蓓蕾初放，故得美名。白牡丹是采自大白茶树或水仙种的短小芽叶新梢的一芽一二叶制成的，是白茶中的上乘佳品。而采自菜茶品种的短小芽片和大白茶片叶制成的白茶，称为寿眉。

一、白毫银针

白毫银针产自福建省福鼎、政和等地，简称银针，又称白毫，当代则多称白毫银针。

白毫银针的品质特点是：外形挺直如针，芽头肥壮，满披白毫，色白如银。此外，因产地不同，品质亦有所差异。产于福鼎的，芽头茸毛厚，色白有光泽，汤色呈浅杏黄色，滋味清鲜爽口；产于政和的，滋味醇厚，香气芬芳。

白毫银针在制造时，未经揉捻破碎茶芽细胞，所以冲泡时间比一般绿茶要长些，否则不易浸出茶叶汁。

二、白牡丹

白牡丹产自福建省政和、建阳、松溪、福鼎等县，它以绿叶夹银色白毫芽，形似花朵，冲泡后，绿叶拖着嫩芽，宛若蓓蕾初绽而得名。

白牡丹的品质特点是：外形不成条索，似枯萎花瓣，色泽灰绿或暗青苔色；冲泡后，香气芬芳，滋味鲜醇，汤色杏黄或橙黄，叶底浅灰，叶脉微红，芽叶连枝。

三、寿眉

寿眉主产于福建建阳、建瓯、浦城等地，多由菜茶芽采制而成，主销港、澳地区。

寿眉的品质特点是：外形芽心较小，色泽灰绿带黄；冲泡后，香气鲜纯，滋味清甜，汤色黄亮，叶底黄绿，叶脉泛红。

信息页三 新白茶与老白茶

近几年非常流行喝老白茶，那么新白茶和老白茶到底有什么区别呢？

1. 外形及茶香

新白茶一般是指当年的明前春茶，茶叶呈褐绿色或灰绿色，且满布白毫。尤其是阳春三月采制的白茶，叶片底部以及顶芽的白毫，都比其他季节所产的丰厚。所以好的白茶一定会带着毫香，而且还会夹杂着清甜香以及茶青的味道。

老白茶整体看起来呈黑褐色，略显暗淡，但依然可以从茶叶上辨别出些许白毫，而且可以闻到阵阵陈年的幽香，毫香浓重但不浑浊。老白茶有散茶和饼茶之分。

2. 茶汤

新白茶毫香明显，滋味鲜爽，口感较为清淡，而且有茶青味，清新宜人。老白茶在茶汤颜色上要深，呈琥珀色。香气清幽略带毫香，头泡带有淡淡的中药味，口感醇厚清甜。

3. 耐泡程度

新白茶根据个人习惯，一般可以冲泡6泡左右。

老白茶是非常耐泡的，在普通泡法下可达20余泡，而且到后面仍然滋味尚佳。老白茶还可以用来煮，风味独特。

4. 药理功效

一般的茶保质期为一到两年，因为过了两年的保质期，即使保存得再好，茶的香气也已散失殆尽，白茶却不同，它与生普洱一样，储存年份越久茶味越是醇厚和香浓，素有"一年茶、三年药、七年宝"之说。

一般五六年的白茶就可算老白茶，一二十年的老白茶已经非常难得。白茶存放时间越长，其药用价值越高，极具收藏价值。比如10～20年的老白茶，在多年的存放过程中，茶叶内部成分缓慢地发生着变化，其多酚类物质不断氧化，转化为更高含量的黄酮、茶氨酸和咖啡碱等成分，香气成分逐渐挥发、汤色逐渐变红、滋味变得醇和，茶性也逐渐由凉转温。

老白茶不但具有降血压、降血脂、降血糖、抗氧化、抗辐射、抗肿瘤等功效，还可用作患麻疹的幼儿的退烧药，其退烧效果比抗生素还好，而且药性温和，可以常年饮用。老白茶由于本身产量少，制作工艺古朴天然，为茶中难得的珍品。

📖 任务单 有关白茶的知识你了解了吗？

1. 白茶的主要特点是_____、_____，属于_____茶。

2. 白茶的主要品种有_____、_____、_____等。

3. 福鼎大白茶，茶芽叶上披满_____，是制茶的上好原料，最初采用这种茶片生产出白茶。

活动二 白茶的辨识

信息页 辨别白茶的方法

辨别白茶品质的优劣可从以下几方面进行。

(1) 外形：嫩度以毫多而肥壮、叶张肥嫩，为上品；毫芽瘦小而稀少，则品质次之；叶张老嫩不匀或杂有老叶、腊叶，则品质差。

(2) 色泽：毫色银白有光泽，叶面灰绿(叶背银白色)或墨绿、翠绿，为上品；铁板色，品质次之；草绿黄、黑、红色及蜡质光泽，品质最差。

(3) 叶态：叶子平伏舒展，叶缘重卷，叶面有隆起波纹，芽叶连枝稍微并拢，叶尖上翘不断碎，品质最优；叶片摊开、折贴、弯曲，品质次之。

(4) 净度：要求不得含有老梗、老叶及腊叶，如果茶叶中含有杂质，则品质差。

(5) 香气：以毫香浓显、清鲜纯正为上品；淡薄、青臭、失鲜、发酵感为次品。

(6) 滋味：以鲜爽、醇厚、清甜为上品；粗涩、淡薄为差。

(7) 汤色：以杏黄、杏绿、清澈明亮为上品；泛红、暗浑为差。

(8) 叶底：以匀整、肥软，毫芽壮多、叶色鲜亮为上品；硬挺、破碎、暗杂、花红、黄张、焦叶红边为差。

?? 任务单 有关辨别白茶的知识你了解了吗？

一、辨别白茶的要点。

1. 选购白茶可从_____、_____、_____、_____、_____、_____、_____、_____8个方面进行鉴别。

2. 白茶的外形嫩度以_____、_____，为上品。

3. 白茶的茶汤滋味以_____为上品；粗涩、淡薄为差。

二、总结归纳挑选白茶的标准。

任务评价

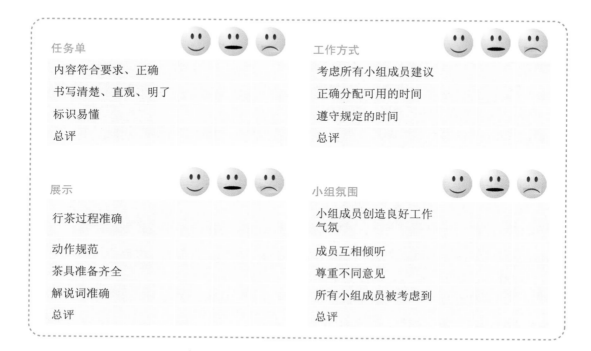

任务单 😊 😐 ☹️

内容符合要求、正确

书写清楚、直观、明了

标识易懂

总评

工作方式 😊 😐 ☹️

考虑所有小组成员建议

正确分配可用的时间

遵守规定的时间

总评

展示 😊 😐 ☹️

行茶过程准确

动作规范

茶具准备齐全

解说词准确

总评

小组氛围 😊 😐 ☹️

小组成员创造良好工作气氛

成员互相倾听

尊重不同意见

所有小组成员被考虑到

总评

任务二 白毫银针的鉴赏与品饮

工作情境

一位客人走进茶艺馆，经询问，客人点了一杯白毫银针，但又不是很了解这种茶。茶艺师为客人介绍了白毫银针的相关知识。

具体工作任务

- 了解白毫银针的特点；
- 熟悉白毫银针的制作加工过程；
- 写出本组练习情况及注意事项。

活动一 白毫银针点茶服务

在上面的情境描述中，你知道了客人的需求，作为茶艺师，你该如何为客人介绍这种茶呢？

信息页一 介绍白毫银针

一、产地

白毫银针，属于白茶类，即微发酵茶，是中国福建的特产，被称作"白茶极品"。因为过去只能用春天茶树新生的嫩芽来制造，产量很少，所以相当珍贵。现代生产的白茶，是选用茸毛较多的茶树品种，通过特殊工艺而制成的。

白毫银针的采摘十分细致，要求极其严格，有号称"十不采"的规定，即：雨天不采、露水未干时不采、细瘦芽不采、紫色芽头不采、风伤芽不采、人为损伤不采、虫伤芽不采、开心芽不采、空心芽不采、病态芽不采。白毫银针由于鲜叶原料全部是茶芽，制成后，形状似针，白毫密披，色白如银，因此命名为"白毫银针"。其针状成品茶，长约一寸，整个茶芽为白毫覆披，银装素裹，熠熠闪光，令人赏心悦目。

二、特点

冲泡后，香味怡人，饮用后，口感甘香，滋味醇和。杯中的景观也是情趣横生，即出现白云疑光闪，满盏浮花乳，芽芽挺立，蔚为奇观。

信息页二 白毫银针的制作工艺与功效

一、白豪银针的制作工艺

白毫银针的制作工艺，一般分为萎凋、干燥两道工序，其关键在于萎凋。萎凋分为室内萎凋和室外萎凋两种。要根据气候灵活掌握，以春秋晴天或夏季不闷热的晴朗天气，采取室内萎凋或复式萎凋为佳。其精制工艺是在剔除梗、片、蜡叶、红张、暗张之后，以文火进行烘焙至足干，只宜以火香衬托茶香，待水分含量为4%~5%时，趁热装箱。白茶制法的特点是既不破坏酶的活性，又不促进氧化作用，且保持毫香显现，汤味鲜爽。

二、白毫银针的功效

白毫银针，味温性凉，有健胃提神之效，祛湿退热之功，常作为药用。对于白毫银针的药效，清代周亮工在《闽小记》中有很好的说明："太佬山古有绿雪芽，今呼白毫，色香俱绝，而尤以鸿雪洞为最，产者性寒凉，功同犀角(一种贵重的中药)，为麻疹圣药，运销国外，价同金埒(即价同金相等)。"

> **任务单** 有关白毫银针的知识你了解了吗？试着填出下面的信息吧。
>
> 1. 白毫银针属于_____茶。
> 2. 白毫银针的制作过程分为：_____和_____。
> 3. 白毫银针有"_____不采"的规定。

活动二▶ 白毫银针的品饮与沏泡

信息页一▶ 沏泡白毫银针的茶具(如表4-2-1所示)

表4-2-1 沏泡白毫银针的茶具

茶具名称	图片
茶艺用具	
茶仓	

(续表)

茶具名称	图片
壶承	
水方	
玻璃壶	
茶荷	
随手泡	

信息页二　**白毫银针的沏泡过程**

一、准备阶段

茶具的准备：茶具按要求摆放整齐、合理。

茶叶的准备：将客人点好的白毫银针用茶荷准备好。

人员的准备：服装干净整齐，穿中式服装。

坐姿的要求：抬头、挺胸、收腹，双手放在茶巾上，面带微笑。

二、操作阶段

第一步：(问好)大家好，今天由我为您做茶。

第二步：首先介绍茶具，茶艺用具、茶仓、壶承、水方、玻璃壶、茶荷、随手泡等。

第三步：温杯。

温杯的目的在于提高杯子的温度，为稍后放入茶叶冲泡热水时，不致冷热悬殊。

用玻璃杯沏泡有3种方法：上投法、中投法和下投法。上投法是先投水，后投茶；中投法是先投水，再投茶，再投水；下投法是先投茶，再投水。今天我们采用的是下投法。

第四步：盛茶。

将茶叶拨至茶荷中。

第五步：赏茶。

今天为大家沏泡的是白毫银针，请赏茶。

第六步：置茶。

置茶时要均匀、适量。

第七步：冲水。(介绍白毫银针的产地、特点等)

冲水至杯的7分满。

白毫银针产于福建福鼎、政和等地，外形挺直如针，芽头肥壮，满披白毫，色白如银。汤色呈浅杏黄色，清澈晶亮，香气清鲜，入口毫香显露，滋味醇甜爽口。

第八步：奉茶。

第九步：做茶完毕，谢谢大家。

三、结束阶段

清理茶具。

知识链接   **沏泡白毫银针的诀窍**

冲泡白毫银针的茶具，为便于观赏，通常以无色无花的直筒形透明玻璃杯为好，这样可使品茶者从各个角度欣赏杯中白毫银针的形与色，以及它们的变幻和姿色。

任务单　白茶(玻璃杯)沏泡服务

任务内容	需要说明的问题
1. 白茶的特点	
2. 白茶的制作过程	
3. 白茶的分类	
4. 茶具的准备	
5. 人员的要求	
6. 茶叶的准备	
7. 沏泡过程	
8. 注意事项	

任务评价

任务单	☺ ☹	工作方式	☺ ☹
内容符合要求、正确		考虑所有小组成员建议	
书写清楚、直观、明了		正确分配可用的时间	
标识易懂		遵守规定的时间	
总评		总评	

展示	☺ ☹	小组氛围	☺ ☹
行茶过程准确		小组成员创造良好工作气氛	
动作规范		成员互相倾听	
茶具准备齐全		尊重不同意见	
解说词准确		所有小组成员被考虑到	
总评		总评	

乌龙茶的品饮与鉴赏

乌龙茶是内容丰富、多姿多彩的一类茶。它既有绿茶的清香又有红茶的醇厚，素有"美容茶"之称，具有很好的分解脂肪之功效，还有增加肠胃蠕动之功能，能帮助消化，是深受年轻人喜爱的一种茶。

工作情境

正值秋季，客人走进茶艺馆入座后，看了看茶单，决定点乌龙茶，但又不是很了解这种茶，你该如何为客人介绍呢？

具体工作任务

- 了解乌龙茶的特性；
- 了解乌龙茶有哪些主要品种；
- 熟练根据客人口味进行茶品推荐。

活动一 领会客人的饮茶需求

在上面的情境描述中，你已经知道了客人的需求，作为茶艺师，你该掌握哪些相关的知识呢？让我们一起了解一下吧。

信息页一 乌龙茶的特性

乌龙茶，亦称青茶，属于半发酵茶，是中国6大茶类中独具鲜明特色的茶叶品类。乌龙茶是经过采摘、萎雕、摇青、杀青、揉捻、干燥等工序后制出的品质优异的茶类。乌龙茶的药理作用突出表现在分解脂肪、减肥健美等方面。这种茶在日本被称为"美容茶"。乌龙茶为中国特有的茶类，主要产于福建的闽北、闽南及广东、台湾等地。乌龙茶综合了绿茶和红茶的制法，其品质介于绿茶和红茶之间，既有红茶的浓鲜味，又有绿茶的清香，并有"绿叶红镶边"之美誉。品尝它后，齿颊留香，回味甘鲜。

乌龙茶由宋代贡茶龙团、凤饼演变而来，创制于1725年前后(清雍正年间)。据福建《安溪县志》记载："安溪人于清雍正三年首先发明乌龙茶做法，以后传入闽北和台湾。"另据史料考证，1862年福州即设有经营乌龙茶的茶栈，1866年台湾乌龙茶开始外销。

信息页二 乌龙茶的名品

青茶(乌龙茶)是中国茶的代表，但其实青茶(乌龙茶)只是总称，还可以细分出许多不同类别的茶。例如：铁观音、水仙、黄金桂、本山、毛蟹、武夷岩茶、冻顶乌龙、肉桂、奇兰、凤凰单枞、色种等。

商业上习惯根据其产区的不同分为：闽北乌龙、闽南乌龙、广东乌龙和台湾乌龙等。

闽北乌龙：包括武夷岩茶、武夷肉桂、武夷水仙等。

闽南乌龙：包括铁观音、黄金桂、本山、毛蟹、奇兰等。

广东乌龙：包括凤凰水仙、凤凰单枞等。

台湾乌龙：台湾所产茶叶百分之九十是乌龙茶，其中包括冻顶乌龙茶、东方美人茶、大禹岭、梨山茶、杉林溪、阿里山茶、木栅铁观音等。

一、闽北乌龙

1. 武夷岩茶——四大名枞

武夷岩茶产于福建崇安武夷山。武夷山中心地带所产的茶叶，称正岩茶，其品质香高味醇厚，岩韵特显；武夷岩边缘地带所产的茶叶，称半岩茶，其岩韵略逊于正岩茶；崇溪、九曲溪、黄柏溪溪边靠近武夷山两岸所产的茶叶，称洲茶，其品质又低一筹。

武夷岩茶的品质特点是：条索壮结匀整，色泽青褐油润呈"宝光"；叶面呈青蛙皮状少粒白点，人称"蛤蟆背"。冲泡后，香气馥郁隽永，具有特殊的"岩韵"，俗称"豆浆韵"；滋味浓醇回甘，清新爽口；汤色橙黄，清澈艳丽；叶底"绿叶红镶边"，呈三分红七分绿，且柔软红亮。

在武夷名枞中，以大红袍、铁罗汉、白鸡冠、水金龟四大名枞最为珍贵。

(1) 大红袍

大红袍在武夷名枞中享有最高的声誉。它既是树种又是茶叶名。大红袍生长在武夷山九龙窠高岩峭壁上，岩壁上至今仍保留着1927年天心寺和尚所作的"大红袍"石刻，这里日照短，多反射光，昼夜温差大，岩顶终年有细泉流淌。这种特殊的自然环境，造就了大红袍的特异品质。

知识链接

什么是大红袍母树

人们常说的大红袍是指武夷山天心岩九龙窠石壁上现存的6棵茶树，树龄已有350多年，称为母树。以注，每到春季采摘季节，武夷山都要组织由科技人员采出数量有限的大红袍母树茶青，再精心制作出珍贵的大红袍母树茶，年产量不足1kg。为保护大红袍母树，武夷山有关部门决定对其实行特别管护：停止采摘大红袍母树茶叶，确保其良好生长；茶叶专业技术人员对大红袍母树实行科学管理，并建立详细的管护档案；严格保护"大红袍"茶叶母树周边的生态环境，2006年起对6株大红袍母树实行停采留养，促其"延年益寿"。

大红袍茶树现经武夷山市茶叶研究所的试验，采取无性繁殖的技术已获成功，经繁育种植，大红袍已能批量生产。大红袍茶的采制技术与其他岩茶相类似，只不过更加精细而已。每年春天，采摘3～4叶开面新梢，经晒青、晾青、做青、炒青、初揉、复炒、复揉、走水焙、簸拣、摊晾、拣剔、复焙、再簸拣、补火而制成。

大红袍的品质特征是：外形条索紧结，色泽绿褐鲜润，冲泡后汤色橙黄明亮，叶片红绿相间，典型的叶片有绿叶红镶边之美感。大红袍品质的最突出之处是香气馥郁有兰花香，香高而持久。大红袍很耐冲泡，冲泡七八次仍有香味。品饮大红袍茶，必须按"工夫茶"小壶小杯细品慢饮的程式，才能真正品尝到岩茶之颠的韵味。

好的大红袍岩韵明显，鲜爽润滑；口齿生津；滋味醇厚无苦涩；香幽而清无异味。新茶最好不喝，因焙火的原因，茶性刺激性大，隔年陈茶反而香气馥郁、滋味醇厚。

知识链接

何谓岩韵

岩韵(环境特征)：是指乌龙茶优良品种、生长在武夷山风景区内、经武夷岩茶传统制作工艺加工而形成的茶叶香气和滋味。

"岩韵"是武夷岩茶独有的特征；"岩韵"的有无取决于茶树生长环境；"岩韵"的强弱还受到茶树品种、栽培管理和制作工艺的影响。

不同的茶树品种，岩韵强弱不同；非岩茶制作工艺加工则体现不出岩韵；精制焙火是提升岩韵的重要工序。

(2) 铁罗汉

铁罗汉是武夷山最早的名枞，茶树生长在武夷山慧苑岩的鬼洞，即蜂窠坑。此树生长茂盛，叶大而长，叶色细嫩有光，采制而成的铁罗汉极为名贵。

铁罗汉茶叶外形紧结，色泽青褐柔润，带有天然花香，滋味醇厚甘爽，回甘佳，汤色金黄明亮，叶底柔软透亮，冲泡后的叶底可以很明显地呈现出乌龙茶的"绿叶红镶边"。

(3) 白鸡冠

关于白鸡冠的由来，流传着这样一个传说：很久以前一位中年茶农兴致勃勃地提着一只鸡去给老丈人祝寿，中途在一棵茶树下休息，不料那只鸡被藏于草丛中的蛇咬到了鸡冠，死了。茶农便把它埋在了一棵大茶树下。这个阴差阳错的举动，居然让从这棵茶树采出来的茶叶香甜可口，对一些病还有很好的疗效，最后人们给这种茶取名"白鸡冠"。

白鸡冠茶属于四大名枞，但其名早于大红袍，茶树原生长在武夷山慧苑岩的外鬼洞。相传明代时，白鸡冠茶，曾以"赐银百两，粟四十石，每年封制以进，遂充贡茶"，直至清代止。

白鸡冠茶叶外形卷曲，幼芽叶相比其他茶的叶子要薄许多，也要软绵许多，春梢芽表面看起来比较缺光泽少柔润。白鸡冠泡出来的茶汤呈橙黄色，清新浓艳，甘甜醇韵，而且其香气持续时间比较长，冲泡七八次依旧如初。

(4) 水金龟

水金龟产于武夷山区牛栏坑社葛寨峰下的半崖上，因茶叶浓密且闪光模样宛如金色之龟而得此名。每年5月中旬采摘，以二叶或三叶为主，其产量不高，因而显得珍贵。观其外形，色泽绿里透红，条索紧结弯曲、匀整，稍显瘦弱；汤色清亮，香气幽长、滋味甘甜，香气高扬，浓饮且不见苦涩，色泽青褐润亮呈"宝光"。

2. 武夷肉桂

据记载，武夷肉桂最早发现于武夷山慧苑岩，另说原产于武夷山马振峰。为武夷名枞之一，清代就已负盛名。

武夷肉桂的品质特点是：条索紧结卷曲匀整，色泽褐绿油润，叶背有青蛙皮状小白点。冲泡后，肉桂香明显，佳者带乳香，冲泡四五次仍有余香，滋味醇厚回甘，咽后齿颊留香，汤色橙黄清澈，叶底红亮，呈绿叶红镶边。

3. 武夷水仙

武夷山由于其得天独厚的自然环境，使得水仙品质更加优异，如今树冠高大叶宽而厚，成茶外形肥壮紧结有宝光色。武夷水仙茶叶比较厚，外形条索肥壮、紧结、匀整，色泽介于暗绿色和黄色之间，油润而有光泽。冲泡出来的茶汤比较清澈，香气浓郁清长，含兰花香，汤色橙黄，深而鲜艳，滋味浓厚而醇，岩韵特征明显。叶底肥嫩明净，绿叶红边，十分美观。

二、闽南乌龙

1. 安溪铁观音

安溪铁观音原产于福建安溪，当地茶树良种很多，其中以铁观音茶树制成的铁观音茶

品质最优。而在台湾地区，铁观音是一种特制的乌龙茶，并非一定得用铁观音茶树上采来的新梢制成，这与安溪铁观音的概念不同。安溪铁观音，以春茶品质最好，秋茶次之。秋茶的香气特高，俗称秋香，但汤味较薄；夏、暑茶品质较差。自问世以来，一直受到我国闽、粤、台茶人及东南亚、日本人的喜爱。某种程度上，铁观音已成为乌龙茶的代名词。

安溪铁观音的特点是：条索卷曲、壮结、重实，呈青蒂绿腹蜻蜓头状。色泽鲜润，显砂绿，红点明，叶表起白霜。冲泡后，香气馥郁持久，有"七泡留余香"之誉，滋味醇厚甘鲜，有蜜味，汤色金黄，浓艳清澈，叶底肥厚明亮，有光泽。

铁观音根据香气又可分为清香型铁观音、浓香型铁观音、韵香型铁观音。

清香型铁观音为安溪铁观音的高档产品，原料均来自铁观音发源地安溪高海拔、岩石基质土壤种植的茶树，具有"鲜、香、韵、锐"之特色。香气高强，浓馥持久，花香鲜爽，醇正回甘，观音韵足，茶汤呈金黄色，清沏明亮。

浓香型铁观音是以传统工艺"茶为君，火为臣"制作的铁观音茶叶，有"醇、厚、甘、润"之特色，干茶肥壮紧结、色泽乌润、香气纯正、带甜花香或蜜香、栗香，汤色深金黄色或橙黄色，滋味特别醇厚甘滑，音韵显现，叶底带有余香，可经多次冲泡。

韵香型铁观音的制作方法是在传统正味做法的基础上再经过120℃高温、烘焙10小时左右，提高滋味醇度，扩展香气。原料均来自铁观音发源地安溪高海拔、岩石基质土壤种植的茶树。干茶有"浓、韵、润、特"之特色，香味高，回甘好，韵味足，长期以来备受广大消费者青睐。

知识链接　　　　　　　　　何谓观音韵

韵味主要是入口及入喉的感觉，味道的甘甜度，入喉的润滑度，回味的香甜度。好的铁观音带有兰花香，回味香甜，入口滑细，喝上三四道之后两腮会有想流口水的冲动，闲上嘴后用鼻出气可以感觉到兰花香。

2. 黄金桂

黄金桂产于福建安溪，由黄旦(也称黄炎)品种茶树嫩梢制成，又因其有奇香似桂花，

加之汤色金黄，故称为黄金桂。为此，销往东南亚的黄金桂曾以谐音"黄金贵"为商标出口。20世纪80年代以来，黄金桂多次被评为全国名茶。

黄金桂成品茶上市早，一般为4月中旬采制，比一般品种早7～10天，比铁观音早半个月左右。

黄金桂的品质特点是：条索紧结，呈半球形，色泽金黄油润。冲泡后，有桂花香。滋味甘鲜，汤色金黄明亮，叶底黄绿色，边缘朱红，柔软明亮。

3. 安溪色种

安溪色种产于福建安溪。20世纪50年代以来，为便于分类列等，将安溪乌龙茶分为铁观音、色种和黄金桂3个品种。据20世纪80年代初统计，色种占了安溪乌龙茶的80%以上，主要由本山、毛蟹、梅占、奇兰、乌龙等茶树品种制成。色种茶中的各种乌龙茶品目名称，则与上述茶树品种名称一致，其色、香、味、形各具特色。

4. 本山

本山因其长势和适应性均比铁观音强，所以价格比较便宜。其香气与铁观音虽然不同，但也非常出色，同时也具有乌龙茶耐泡的特性，加上价格实惠，是铁观音的最佳替代品。

本山的品质特点是：条索壮实、梗如"竹子节"，色泽鲜艳，呈熟香蕉色。冲泡后，香气似铁观音，但较清淡；滋味清纯，略浓厚；汤色橙黄，叶底黄绿。

5. 毛蟹

毛蟹的品质特点是：条索紧结，梗圆形，头大尾小，色泽黄绿带褐，尚鲜润，有白毫。冲泡后，香气清高，略有茉莉花香，滋味清纯略厚，汤色青黄或金黄色，叶底圆小，叶缘锯齿深、密、锐。

6. 梅占

梅占的品质特点是：条索壮实长大，梗肥结长；色泽褐绿稍带暗红色，红点明。冲泡后有芬芳之气，滋味厚，汤色深黄或橙黄，叶底粗大，叶边缘锯齿粗锐。

7. 奇兰

奇兰的品质特点是：茶条较细瘦，梗较细，叶柄窄，色泽黄绿或褐绿，较鲜润。冲泡后，香气清高，滋味甘鲜清纯，汤色青黄或深黄，叶底头尾尖，呈梭形，叶面有光泽。

漳平水仙

乌龙茶中唯一的紧压茶——漳平水仙，结合了闽北水仙与闽南铁观音的制法，是用一定规格的木模压制成方形的茶饼。

漳平水仙茶性温和，香气清高幽长，具有如兰气质的天然花香，滋味醇爽细润，鲜灵活泼，经久藏，耐冲泡，茶色赤黄，细品有水仙花香，有回甘，更有久饮多饮而不伤胃的特点，除醒脑提神外，还兼有健脾养胃、消食降脂、排毒养颜、防癌抗衰、降三高、防辐射、减肥美容、消腻等功效。

三、广东乌龙

广东乌龙茶产区主要在广东东部的潮安县、饶平县、汕头市，以凤凰单枞最为珍贵，在广东、港澳台地区都深受欢迎，畅销东南亚各国。

1. 凤凰水仙

凤凰水仙是原产于凤凰山脉的一个地方群体品种，凤凰水仙品种相传在南宋时期已有栽培，现今主要分布在广东的潮安、丰顺、饶平、蕉岭、平远等地。1956年正式定名，1985年审定为国家茶树良种。

凤凰水仙有一个明显特点，叶尖端部略有弯曲，或左弯，或右弯，状似鸟嘴，故称为"鸟嘴茶"。此外，还有一个美丽的传说，相传在南宋期间，宋帝昺南逃路经凤凰山，口渴难忍，时有彩凤叼来一束茶枝和并蒂茶果，茶枝助宋帝止渴，茶果繁衍成"宋种"茶树，因是彩凤叼来之物，由此称为"鸟嘴茶"。

凤凰水仙一直沿袭有性繁殖，因此，叶片形态特征呈多样性，叶形长椭圆，或椭圆，或披针；叶色为绿，或深绿，或黄绿；叶面平，叶缘平滑或波状；叶身平展，或稍内折，或内折。

凤凰水仙采摘自水仙茶树的鲜叶，采摘标准以嫩梢形成驻芽后的第一叶开展到中开面时最为适宜，经晒青、晾青、做青、炒青、揉捻、烘焙等工序制成，成品茶的外形条索肥壮，匀整挺直，呈黄褐色，有朱砂状点，带天然花香，滋味浓醇甘爽，持久耐冲泡。

2. 凤凰单枞

凤凰单枞是在凤凰水仙群体品种中选拔优良单株茶树，经培育、采摘、加工而成。因

成茶香气、滋味的差异，当地习惯将单枞茶按香型分为黄枝香、芝兰香、蜜兰香等多种。因此，单枞茶实行分株单采，新茶芽萌发至小开面(即出现驻芽)时，即按一芽二三叶标准采下，轻放于茶罗内。有强烈日光时不采，雨天不采，雾水茶不采的规定。一般于午后开采，当晚加工，制茶均在夜间进行，经晒青、晾青、杀青、揉捻、烘焙等工序，历时10小时制成成品茶。

　　凤凰单枞的品质特点是：条索挺直肥大，色泽黄褐，俗称"鳝鱼皮色"，且油润有光。冲泡后，香味持久，有天然花香，滋味醇爽回甘，耐冲泡，汤色橙黄清澈，叶底肥厚柔软，叶边朱红，叶腹黄明。

　　凤凰单枞根据香气可分为10种香型：蜜兰香单枞、黄枝香单枞、玉兰香单枞、夜来香单枞、肉桂香单枞、杏仁香单枞、柚花香单枞、芝兰香单枞、姜花香单枞、桂花香单枞。

四、台湾乌龙

　　台湾茶源自福建，至今约有200年历史。台湾地区有诸多名茶，且各有特色，大致有7大茶区。海拔高度，决定了台茶的口味，海拔越高、口味越佳、价格越贵。

　　台湾茶可以冲七八泡以上，不论时间长短，即使泡一天也不变色不变味，依然香味纯正。林凤池(1855年)从福建引进青心乌龙种茶苗，种于冻顶山，据悉为台湾乌龙茶之始。

1. 冻顶乌龙茶

　　冻顶乌龙茶俗称冻顶茶，是台湾包种茶的一种，是台湾知名度极高的茶。所谓包种茶，其名源于福建安溪，当地茶店售茶均用两张方形毛边纸盛放，内外相衬，放入茶叶4两，包成长方形四方包，包外盖有茶行的唛头，然后按包出售，称之为"包种"。台湾包种茶属轻度或中度发酵茶，也称清香乌龙茶。包种茶按外形不同可分为两类：一类是条形包种茶，以文山包种茶为代表；另一类是半球形包种茶，以冻顶乌龙茶为代表，素有"北文山、南冻顶"之美誉。

　　冻顶乌龙茶产自台湾南投县的鹿谷乡，茶区海拔600～1000m，山多雾，路陡滑，上山采茶都要将脚尖"冻"起来，避免滑下去，山顶叫冻顶，山脚叫冻脚。所以冻顶茶产量有限，尤为珍贵，被誉为"茶中圣品"。冻顶乌龙茶主要是以青心乌龙为原料制成的半发酵茶，传统上，其发酵程度在30%左右。制茶过程的独特之处在于：烘干后，需再重复以布包成球状揉捻茶叶，使茶成半发酵半球状，称为"布揉制茶"或"热团揉"。传统冻顶乌龙茶带明显焙火味，近年亦有轻培火制茶。此外，亦有陈年炭焙茶，是每年反复拿出来高温慢烘焙，而制出甘醇后韵十足的茶。

　　冻顶乌龙茶呈半球形，紧结重实，色泽墨绿油润，汤色黄绿明亮，清香高爽，近似桂花香，滋味甘醇浓厚，后韵回甘味强，耐冲泡，叶底枝叶嫩软，色黄油亮，带明显焙火韵味。

　　冻顶茶一年四季均可采摘，以春茶品质最好，香高味浓、色艳；秋茶次之；夏茶品质较差。

2. 东方美人茶

　　东方美人茶是台湾地区独有的名茶，又名膨风茶、香槟乌龙，因其茶芽白毫显著，又

名白毫乌龙茶，是半发酵青茶中发酵程度最重的茶品，一般的发酵度为70%，不苦不涩。主要产地在台湾的新竹、苗栗一带。

东方美人茶区位于海拔300～800m的丘陵地，由于远离城市，土壤和水质均未受到工业的污染，而山区经常烟雾弥漫、雨露滋润，是茶树生长的最佳环境。东方美人茶采收期在炎夏六七月，即端午节前后10天。东方美人茶最特别的地方在于茶青必须让小绿叶蝉(又称浮尘子)叮咬吸食，昆虫的唾液与茶叶酵素混合出特别的香气，茶的好坏取决于小绿叶蝉的叮咬程度，同时也是东方美人茶的醇厚果香蜜味的来源，也因为要让小绿叶蝉生长良好，东方美人茶在生产过程中绝不能使用农药，因此生产较为不易，也更显珍贵。在制作方面，东方美人茶必须经手工采摘一心二叶，再以传统技术精制而成高级乌龙茶。制茶过程的特点是：炒青后，需多一道以布包裹，置入竹篓或铁桶内的静置回润或称回软的二度发酵程序，再进行揉捻、解块、烘干而制成毛茶。

典型的白毫乌龙茶品质特征必须是香气带有明显的天然熟果香，滋味具蜂蜜般的甘甜后韵，外观艳丽多彩具明显的红、白、黄、褐、绿五色相间，形状自然卷缩宛如花朵，泡出来的茶汤呈鲜艳的琥珀色。它的品质特点比较趋近于红茶，而介于冻顶乌龙茶及红茶间。

东方美人茶名字的由来，据说是英国茶商将茶献给维多利亚女王，黄澄清透的色泽与醇厚甘甜的口感，令她赞不绝口，既然来自东方，就赐名"东方美人茶"了。

3. 大禹岭

大禹岭是台湾新兴的高山茶产区，茶区开垦不久，但所产的茶叶已经是公认的台湾顶级的高山茶。海拔2600m，寒冷且温差大，终年云雾缭绕，在气候、土壤等天然环境均佳的条件下，茶树生长缓慢，因此茶质幼嫩，茶味甘醇，加上当地排水良好的酸性土壤，得天独厚的环境造就出独一无二的好茶。

大禹岭茶产量稀少，冬茶的韵味更是丰厚，与春茶比起来更是各有千秋，甚至有许多茶友认为冬茶的气味更甚春茶。

冲泡后，花果香清扬芬芳，入口就能感觉到它的清扬细腻，带有冷矿山特有的山场气意，落喉甘滑、韵味饱满，回甘迅速有层次，喉韵甚佳，回香绕舌不退。

4. 梨山茶

梨山是高山茶产区，海拔2200m。四周由原始森林所包围，造就了清净无污染之生长环境。长年温度低、云雾笼罩，昼夜温差大，气候寒冷，是标准高山茶生长条件。因梨山地区盛产高山蔬果，茶园多分布于果树中，吸收天然果香，芽叶柔软，叶肉厚，果胶含量高，香气浓郁，滋味甘甜，茶汤色蜜绿显金黄，滋味甘醇，滑软耐冲泡，茶汤冷后更能凝聚香甜，为台湾特选高山茶之珍品。

5. 杉林溪茶

杉林溪茶产于杉林溪位于台湾省中部竹山(溪头附近)当地种植数以万计的杉木，海拔1900m，加上气候凉冷，终年云雾缥缈，因而得名。所产之茶叶厚、滑、软。茶香中带有特殊杉木香味，果酸含量高，耐冲泡，堪称茶中极品。茶区一年只采收3次，是台湾高山茶的代表品种。

6. 阿里山茶

阿里山茶产于台湾省嘉义县阿里山，海拔1700m。茶叶叶厚、柔软，尤以金萱茶(树种名)更是甘醇，香气淡雅，香气中更显现出一股淡淡的奶香味，堪称高山茶中的极品。

?② 任务单　有关乌龙茶的知识你了解了吗？试着填出下面的信息吧。

1. 乌龙茶属于_____茶类，在日本被称为_____茶。
2. 乌龙茶按发酵方法可分为_____、_____和_____。
3. 制作东方美人茶必须经手工采摘_____，再以传统技术精制而成高级乌龙茶。
4. 大红袍的品质特异，现有大红袍茶树_____株，都是灌木茶丛。

活动二▶ 乌龙茶的辨识

乌龙茶种类很多，如何辨别乌龙茶的优劣是一项比较难的工作。

信息页▶ 辨别乌龙茶的方法

一、外形

将干茶放在茶盘上仔细观察，无论条形或球形，茶色应鲜活。有砂绿白霜像青蛙皮更好；注意是否隐存红边，红边是发酵适度的讯号；冬茶颜色翠绿，春茶则墨绿；如果茶干灰暗枯黄当然不好；而那些颗粒微小、油亮如珠、白毫绿叶犹存者，则是发酵不足的嫩芽典型外观，泡起来带青味，稍微浸泡就会苦涩伤胃。检视干茶的同时还要注意手感，球形茶手握柔软是干燥不足；拿在手上抖动要觉得有分量，太轻者滋味淡薄，太重者易苦涩；条形包种茶，如叶尖有刺手感，是茶青太嫩或退青不足造成的"积水"现象，喝起来会苦涩。闻干茶时，要埋头贴紧着闻，吸3口气，如果香气持续，甚至愈来愈强劲，便是好茶；较次者则香气不足，而有青气或杂味者当然不选。

二、冲泡

买茶、试茶只要一只磁杯，8g茶叶，冲150cc的开水静置5分钟，然后取一支小汤匙，拨开茶叶看汤色如何，如果浑浊，就是炒青不足；淡薄，则因嫩采和发酵不足；若炒得过火，则叶片焦黄碎裂。好的茶汤，汤色明亮浓稠，依品种及制法不同，由淡黄、蜜黄到金黄都显得鲜艳可爱。可以把汤匙拿起来闻，注意不要有草青味，好茶即使茶汤冷却，香气依然存在。茶汤含在嘴里，仔细分辨"清香"是不是萎凋不足的草青味。草青味是由于制作过程不够严谨所造成的。有草青味的茶，一旦增大投茶量，再稍加久浸，必然滋味苦涩，汤色变深。总之，选购茶叶的原则是少投叶，多冲水，长浸泡，这样，茶叶的优缺点就会充分呈现。

三、叶底

好的茶叶底柔嫩明亮，叶片有韧性，脉络清晰，富有光泽。

任务单　有关乌龙茶的知识你了解了吗？

一、辨别乌龙茶的要点。

1. 辨别乌龙茶的方法：_____。

2. 选购茶叶的原则是少_____，多_____，长_____，这样，茶叶的优缺点就会充分呈现。

3. 乌龙茶有砂绿白霜像_____更好；注意是否隐存红边，_____是发酵适度的讯号。

二、归纳总结挑选乌龙茶的标准。

任务评价

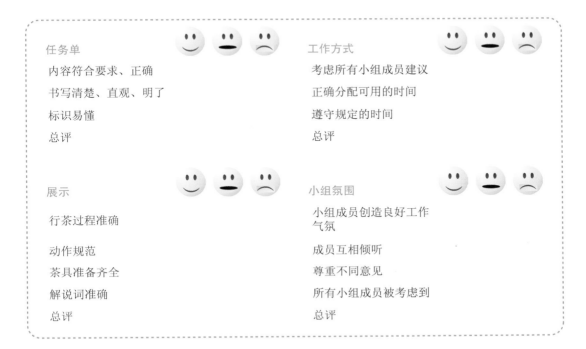

任务单　😊 😐 ☹️

内容符合要求、正确

书写清楚、直观、明了

标识易懂

总评

工作方式　😊 😐 ☹️

考虑所有小组成员建议

正确分配可用的时间

遵守规定的时间

总评

展示　😊 😐 ☹️

行茶过程准确

动作规范

茶具准备齐全

解说词准确

总评

小组氛围　😊 😐 ☹️

小组成员创造良好工作气氛

成员互相倾听

尊重不同意见

所有小组成员被考虑到

总评

铁观音的鉴赏与品饮

任务二

工作情境

正值秋季，客人走进茶艺馆，经询问，点了一壶铁观音茶，作为茶艺师，你该如何为客人介绍和沏泡这种茶呢？

具体工作任务

- 了解铁观音的特点；
- 熟悉铁观音的制作加工过程；
- 熟练准备沏泡铁观音茶所需的器皿；
- 熟悉沏泡步骤及方法；
- 测试、判断铁观音茶沏泡步骤，写在任务单中；
- 写出本组练习情况及注意事项。

活动一 ▶ 铁观音点茶服务

在上面的情境描述中，你已经知道了客人的需求，作为茶艺师，你该掌握哪些相关的知识呢？让我们一起了解一下吧。

信息页一 ▶ 介绍铁观音茶

铁观音是我国著名的乌龙茶之一。安溪铁观音茶产于福建省安溪县，历史悠久，素有茶王之称。安溪铁观音茶，一年可采四期茶，分春茶、夏茶、暑茶、秋茶，制茶品质以春茶为最佳。铁观音的制作工序与一般乌龙茶的制法基本相同，但摇青转数较多，晾青时间较短。一般在傍晚前晒青，通宵摇青、晾青，次日晨完成发酵，再经炒揉烘焙，历时一昼夜。品质优异的安溪铁观音茶条索肥壮紧结，质重如铁，沙绿明显，青蒂绿，红点明，花香高，醇厚鲜爽，具有独特的品味，回味香甜浓郁，冲泡7次仍有余香；汤色金黄，叶底肥厚柔软，艳亮均匀，叶缘红点，青心红镶边。

信息页二 ▶ 铁观音的制作过程

铁观音的制作加工过程：茶青→做青→杀青→揉捻→干燥→毛茶，具体如表5-2-1所示。

表5-2-1 铁观音的制作过程

步骤	具体内容	图片
茶青	从茶树上摘下来的嫩叶，也称鲜叶	
做青	制作乌龙茶的特有工序之一。做青能适当调节萎凋过程中的水分蒸发和内含物自体分解	

（续表）

步骤	具体内容	图片
杀青	用高温把茶青炒熟或蒸熟，以便抑制茶青继续发酵	
揉捻	把叶细胞揉破，使得茶叶所含的成分在冲泡时容易溶入茶汤中，及较容易揉出所需要的茶叶形状	
干燥	目的是将茶叶的形状固定，以利于保存，使之不容易变坏	
毛茶	初制茶叶，或称半成品	

知识链接

乌龙茶的来历

　　乌龙茶的产生颇具传奇色彩，据《福建之茶》《福建茶叶民间传说》记载，清朝雍正年间，在福建省安溪县西坪乡南岩村里有一个茶农，也是打猎能手，姓苏名龙，因他长得黝黑健壮，乡亲们都叫他"乌龙"。一年春天，乌龙腰挂茶篓，身背猎枪上山采茶，采到中午，一头山獐突然从身边溜过。乌龙举枪射击，但负伤的山獐拼命逃向山林。乌龙紧追不舍，终于捕获了猎物。当把山獐背到家时已是掌灯时分，乌龙和全家人忙于宰杀、品尝野味，已将制茶的事全然忘记了。翌日清晨，全家人才忙着炒制昨天采回的"茶青"。没想到放置了一夜的鲜叶，已"镶上"了红边，并散发出阵阵清香，当茶叶制好时，格外清香浓厚，全无往日的苦涩之味。在乌龙及家人的经心琢磨与反复试验下，经过萎凋、杀青、揉捻等工序，终于制出了品质优异的茶类新品——乌龙茶。安溪也随即成为盛产乌龙茶的著名茶乡。

📖 **任务单　有关铁观音的知识你了解了吗？**

　　1.铁观音的制作过程分别是_____、_____、_____、_____、_____和_____。

　　2.铁观音一年分四期采摘，分_____、_____、_____和_____，制茶品质以_____为最佳。

　　3.铁观音一般可冲泡_____次。

活动二▶ 铁观音的品饮与冲泡

信息页一▶ 冲泡铁观音的茶具

一、主泡器(如表5-2-2所示)

表5-2-2　主泡器

茶具名称	用途	图片
壶承	用来放紫砂壶	
紫砂壶	用来冲泡乌龙茶	
茶海	用来盛放茶汤	
闻香杯、品茗杯、杯托	用来闻香气、品尝茶汤	

(续表)

茶具名称	用途	图片
盖置	用来放置壶盖	
滤网	用来过滤茶渣	

二、备水器(如表5-2-3所示)

表5-2-3 备水器

茶具名称	用途	图片
随手泡	盛放开水	

三、辅助用具(如表5-2-4所示)

表5-2-4 辅助工具

茶具名称	用途	图片
茶艺用具	辅助工具	
茶仓	盛放茶叶	

信息页二 铁观音的沏泡过程

一、准备阶段

茶具的准备：茶具按要求摆放整齐、合理。

茶叶的准备：将客人点好的铁观音茶准备好。

人员的准备：服装干净整齐，穿中式服装。

坐姿的要求：抬头、挺胸、收腹，双手放在茶巾上，面带微笑。

二、操作阶段

第一步：(问好)大家好！今天由我为您做茶。首先介绍茶具，茶艺用具、紫砂壶、茶海、壶承、水方、闻香杯、品茗杯、茶仓、随手泡等。

第二步：摆放茶垫。以用来放闻香杯和品茗杯。

第三步：翻杯。高的是闻香杯，用来闻茶汤的香气；矮的是品茗杯，用来品尝茶汤的味道。

第四步：孟臣温暖。

温壶，是为了稍后放入茶叶冲泡热水时，不致冷热悬殊。

第五步：温盅。

第六步：温滤网。

第七步：精品鉴赏。

用茶则盛茶叶，请赏茶。今天为您冲泡的是安溪铁观音。

第八步：佳茗入宫。

茶置壶中，苏轼曾有诗言："从来佳茗似佳人。"将茶轻置壶中，如请佳人轻移莲步，登堂入室，满室生香。

茶叶用量，斟酌茶叶的紧结程度，约放至壶的1/2或1/3。

第九步：润泽香茗。

温润泡。小壶泡所用的茶叶，多半是球形的半发酵茶，故先温润泡，将紧结的茶球泡松，可使未来每泡茶汤汤色维持同样的浓淡。

第十步：荷塘飘香。

将温润泡的茶汤，倒入茶海中。茶海虽然小，有茶汤注入则茶香拂面，能去混味，清精神，破烦恼。

第十一步：旋律高雅。

第一泡茶冲水。

第十二步：沐淋瓯杯。

温杯的目的在于提升杯子的温度，使杯底留有茶的余香，温润泡的茶汤一般不作为饮用。(介绍茶叶)

第十三步：茶熟香温。

斟茶。浓淡适度的茶汤斟入茶海中，散发着暖暖的茶香。茶先斟入茶海中，再分别倒入客人杯中，以使每位客人杯中的茶汤浓淡相同，故茶海又名公道杯。

第十四步：茶海慈航。

分茶入杯。中国人说："斟茶七分满，斟酒八分满。"主人给客人斟茶时无富贵贫贱之分，每位客人皆斟七分满，倒的是同一把壶中泡出的同浓淡的茶汤，如观音普度，众生平等。(奉茶)

第十五步：热汤过桥。

左手拿起闻香杯，旋转将茶汤倒入品茗杯中。

第十六步：幽谷芬芳。

闻香。高的闻香杯底，如同开满百花的幽谷，随着温度的逐渐降低，散发出不同的芬芳，有高温香、中温香、冷香，值得细细体味。

第十七步：杯里观色。

右手端起品茗杯观赏汤色，好茶的茶汤清澈明亮，从翠绿、蜜绿到金黄，令人赏心悦目。

第十八步：听味品趣。

品茶。

第十九步：品味再三。

一杯茶分3口以上慢慢细品，饮尽杯中茶。"品"字3个口，一小口、一小口慢慢喝，用心体会茶的美味。

第二十步：和敬清寂。

静坐回味，品趣无穷，喝完清新去烦茶进入宁静、愉悦、无忧的禅境。

做茶完毕，谢谢大家。

三、结束阶段

清理茶具。

知识链接

如何品乌龙茶

品饮乌龙茶时，用右手拇指、食指捏住杯沿，中指托住茶杯底部，雅称"三龙护鼎"，手心朝内，手背向外，缓缓提起茶杯，先观汤色，再闻其香，后品其味，一般是三口见底。如此，"三口方知其味，三番才能动心"。饮毕，再闻杯底余香。

品饮乌龙茶强调热饮，用小壶高温冲泡，品杯则小如胡桃。每壶泡好的茶汤，刚好够在场茶友一人一杯，要继续品饮，则即冲泡即品饮。这样，每一杯茶汤在品饮时都是烫口的。品饮乌龙茶因杯小、香浓、汤热，故饮后杯中仍有余香，这是一种更深沉、更浓烈的"香韵"。

品饮台湾乌龙茶时，略有不同。泡好的茶汤要首先倒入闻香杯。品饮时，要先闻香，将杯中的茶汤旋转倒入品茗杯，嗅闻杯中的热香；再以"三龙护鼎"的方式端杯观色；接着即可小口啜饮，3口饮毕；然后持闻香杯探寻杯底冷香，留香越久，则表明这种乌龙茶的品质越佳。

品饮乌龙茶时，很讲究舌品。通常是啜入一口茶水后，用口吸气，让茶汤在舌的两端来回滚动而发出声音，让舌的各个部位充分感受茶汤的滋味，而后涂涂咽下，慢慢体味颊齿留香的感觉。

任务单　铁观音沏泡服务

任务内容	需要说明的问题
1. 铁观音的特点	
2. 铁观音的制作过程	
3. 铁观音的分类	
4. 茶具的准备	
5. 人员的要求	
6. 茶叶的准备	
7. 沏泡过程	
8. 注意事项	

任务评价

任务单

内容符合要求、正确

书写清楚、直观、明了

标识易懂

总评

工作方式

考虑所有小组成员建议

正确分配可用的时间

遵守规定的时间

总评

展示

行茶过程准确

动作规范

茶具准备齐全

解说词准确

总评

小组氛围

小组成员创造良好工作气氛

成员互相倾听

尊重不同意见

所有小组成员被考虑到

总评

红茶的品饮与鉴赏

红茶，以适宜制作本品的茶树新芽叶为原料，经萎凋、揉捻、发酵、干燥等典型工艺过程精制而成，因其干茶色泽和冲泡的茶汤以红色为主调而得名。

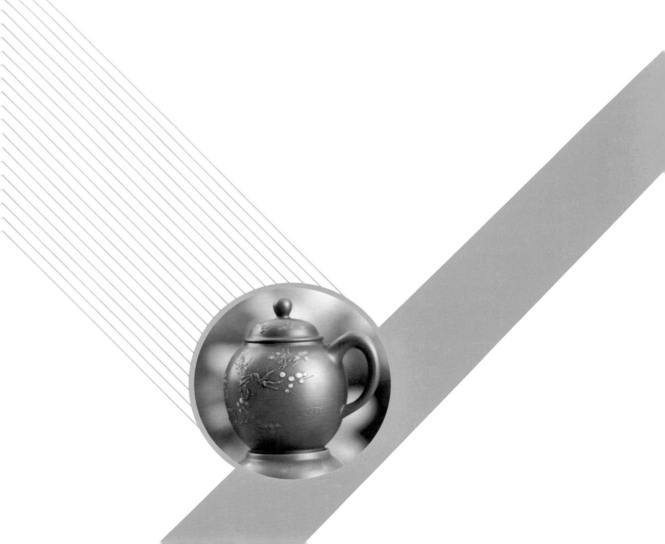

任务一 红茶赏析

工作情境

冬季正值喝红茶的季节，在茶艺馆，客人入座后，茶艺师热情地为客人介绍了红茶，客人决定试试。

具体工作任务

- 了解红茶的特性；
- 了解红茶有哪些品种；
- 熟练根据客人口味进行茶品推荐。

活动一 认识红茶

在上面的情境描述中，你知道了客人的需求，作为茶艺师，你该掌握哪些相关的知识呢？让我们一起了解一下吧。

信息页一 红茶的特性

红茶，以适宜制作本品的茶树新芽叶为原料，经萎凋、揉捻、发酵、干燥等典型工艺过程精制而成，因其干茶色泽和冲泡的茶汤以红色为主调而得名。

红茶开始创制时称为"乌茶"。红茶在加工过程中发生了以茶多酚酶促氧化为中心的化学反应，鲜叶中的化学成分变化较大，茶多酚减少90%以上，产生了茶黄素、茶红素等新成分。香气物质从鲜叶中的50多种增至300多种，一部分咖啡碱、儿茶素和茶黄素络合成滋味鲜美的络合物，从而形成了红茶、红汤、红叶和香甜味醇的品质特征。

红茶为我国第二大茶类，出口量占我国茶叶总产量的50%左右，客户遍布60多个国家和地区。其中，销量较多的是埃及、苏丹、黎巴嫩、叙利亚、伊拉克、巴基斯坦、英国、爱尔兰、加拿大、智利、德国、荷兰及东欧各国。

信息页二 红茶的名品

红茶的鼻祖在中国，世界上最早的红茶由中国福建武夷山茶区的茶农发明，名为正山小种。红茶种类较多，产地较广，祁门红茶闻名天下，工夫红茶和小种红茶处处留香。此外，从中国引种发展起来的印度、斯里兰卡的产地红茶也很有名。

我国的传统红茶因制作方法不同，可分为工夫红茶、小种红茶以及红碎茶。

一、　工夫红茶

工夫红茶是我国传统的独特茶品。它因初制特别注重条索的完整紧结，需费时费工而得名。工夫红茶的品质特点是：外形条索细紧，色泽乌润。冲泡后，汤色、叶底红亮，香气馥郁，滋味甜醇。因采制地区不同，茶树品种有异，制作技术不一，因而，又有祁红、滇红、川红、闽红、湖红、越红之分。

1. 祁红

祁红产自安徽祁门县，又称祁门工夫红茶，是我国传统工夫红茶中的珍品，有100多年生产历史，在国内外享有盛誉。曾于1915年巴拿马万国展览会上获金奖。

清光绪年间开始仿照闽红试制生产，最终因其内质优异，与闽红、宁红齐名。

祁红的品质特点是：条索紧秀而稍弯曲，有锋苗，色泽乌黑泛灰光，俗称"宝光"。冲泡后，香气浓郁高长，有蜜糖香，蕴含兰花香，素有"祁门香"之称，且滋味醇厚，回味隽永，汤色红艳、明亮，叶底鲜红嫩软。

2. 滇红

滇红产自云南省，又称滇红工夫茶，属大叶种类型的工夫茶，是我国工夫红茶的新葩。它以外形肥硕紧实、金毫显露、香高味浓而独树一帜，在世界茶叶市场中享有较高声誉。

滇红的品质特点是：条索肥壮紧结，重实均整，色泽乌润带红褐，茸毫特多。毫色有淡黄、菊黄、金黄之分。产于凤庆、云县、昌宁等地的滇红，毫色多呈金黄。冲泡后，香郁味浓，香气以滇西的云县、昌宁、凤庆所产为好，不但香气高长，而且带有花香。滋味则以滇南的工夫红茶为佳，具有滋味醇厚、刺激性强的特点。

3. 川红

川红产自四川宜宾等地，又称川红工夫，创制于20世纪50年代，是我国高品质工夫红茶的后起之秀，以色、香、味、形俱佳畅销国际市场。

川红的品质特点是：条索肥壮、圆紧、显毫，色泽乌黑油润。冲泡后，香气清鲜带果香，滋味醇厚爽口，汤色浓亮，叶底红明匀

整。近几年尤为流行。

4. 闽红

闽红产自福建省，又称闽红工夫茶，由于茶叶产地不同，茶树品种不同，品质风格不同，闽红工夫又分为白琳工夫、坦洋工夫与政和工夫。

白琳工夫外形条索细长弯曲，茸毫多叶，色泽黄黑，汤色浅亮，香气鲜纯有毫香，味清鲜甜，叶底鲜红带黄。

坦洋工夫外形细长匀整，带白毫，色泽乌黑有光，香味清鲜甜和，汤鲜艳呈金黄色，叶底红匀光滑。

政和工夫是闽红三大工夫茶的上品，外形条索紧结肥壮多毫，色泽乌润，汤色红浓，香高鲜甜，滋味浓厚，叶底肥壮尚红。

5. 湖红

湖红产自湖南省，据记载，湖红的产地始于清代咸丰三年的湖南安化，以后才逐渐向毗邻地区扩大。直至今日，湖红仍以安化工夫为代表。

湖红的品质特点是：外形条索紧结肥硕，锋苗好，色泽红褐带润。冲泡后，香气高，滋味醇，汤色浓，叶底红。

6. 越红

越红产于浙江绍兴毗邻的诸暨、嵊州等地，又称越红工夫，于20世纪50年代由绿茶改制而成。越红以条索紧结、重实匀齐、有锋苗、净度高的优美外形著称。

越红的品质特点是：条索紧细挺直，色泽乌润。冲泡后，香气纯正，滋味浓醇，汤色红亮，叶底稍暗。

二、小种红茶

小种红茶产于我国福建。由于其茶叶加工过程中采用松柴火加温，进行萎凋和高燥，所以，制成的茶叶具有浓烈的松烟香。因产地和品质的不同，小种红茶又有正山小种和外山小种之分。

1. 正山小种

正山小种产自福建省桐木关，品质特点是：外形条索肥壮重实，色泽乌润有光。冲泡后，香气高长带松烟香，滋味醇厚带桂圆味，汤色红浓，叶底厚实，呈古铜色。

2. 金骏眉

金骏眉是于清明前采摘于武夷山国家级自然保护区内海拔1500～1800m高山的原生态小种野茶的茶芽，采集芽尖部分，由熟练的采茶女工手工采摘，每天一名女工只能采芽尖约2000颗，结合正山小种传统工艺，由师傅全程手工制作，每500克金骏眉需数万颗芽尖。

金骏眉外型细小而紧秀，颜色为金、黄、黑相间，细看，金黄色的为茶的绒毛、嫩芽，开汤汤色为金黄色，啜一口入喉，甘甜感顿生。

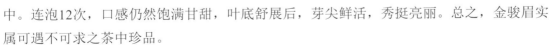

金骏眉的品质特点是：其香气滋味似果、蜜、花、薯等综合香型，滋味鲜活甘爽，喉韵悠长，沁人心脾，仿佛置身于原始森林之中。连泡12次，口感仍然饱满甘甜，叶底舒展后，芽尖鲜活，秀挺亮丽。总之，金骏眉实属可遇不可求之茶中珍品。

3. 银骏眉

银骏眉是于谷雨前采摘于武夷山国家级自然保护区内海拔1500～1800米高山的原生态小种野茶的茶芽，制作500克银骏眉需数万颗标准嫩芽，一芽一叶。

银骏眉在外形上条索紧细，锋苗显秀，稍显黄毫之色。银骏眉精心选取原料，以正山小种传统手工工艺进行制作，不过筛，所以条形保持完好。

银骏眉的品质特点是：汤色金黄清澈，香气独特，清高持久，是一种花香与果香混合的综合香型，滋味鲜爽甘活，喉韵悠长。

三、红碎茶

红碎茶是国际茶叶市场的大宗茶品。它是在红茶加工过程中，将条形茶切成段细的碎茶而成，故命名为红碎茶。其与普通红茶的碎末，不可混为一谈，红碎茶要求茶汤味浓、强、鲜、香高，富有刺激性。因叶形和茶树品种的不同，品质亦有较大差异。

红碎茶的品质特点是：颗粒紧结重实，色泽乌黑油润。冲泡后，香气、滋味浓度好，汤色红浓，叶底红匀。

袋泡茶：选用上等红碎花配成后，装入过滤纸袋，饮用时连袋泡入杯中，不见叶渣，而色、香、味不减。每袋供一次饮用，饮后一并弃去，清洁卫生，饮用方便。

任务单　有关红茶的知识你了解了吗？

1. 红茶属于＿＿＿＿＿茶。

2. 红茶的品种有＿＿＿＿、＿＿＿＿、＿＿＿＿、＿＿＿＿、＿＿＿＿、＿＿＿＿和＿＿＿＿等。

3. 金骏眉是于清明前采摘于武夷山国家级自然保护区内海拔＿＿＿＿＿高山的原生态小种野茶的茶芽。

活动二 ▶ **红茶的辨识**

红茶种类很多，如何辨别红茶的优劣是一项比较难的工作。

信息页 ▶ **辨别红茶的方法**

一、工夫红茶

工夫红茶的质量鉴别可从以下几方面进行。

(1) 外形：条索紧细、匀齐的质量好；反之，条索粗松、匀齐度差的，质量次。

(2) 色泽：色泽乌润，富有光泽，质量好；反之，色泽不一致，有死灰枯暗的茶叶，则质量次。

(3) 香气：香气馥郁的质量好；香气不纯，带有青草气味的，质量次；香气低闷的为劣。

(4) 汤色：汤色红艳，在评茶杯内茶汤边缘形成金黄圈的为优；汤色欠明的为次；汤色深浊的为劣。

(5) 滋味：滋味醇厚的为优；滋味苦涩的为次；滋味粗淡的为劣。

(6) 叶底：叶底明亮的，质量好；叶底花青的为次；叶底深暗多乌条的为劣。

二、红碎茶

红碎茶的品质，特别注重内质的汤味和香气，外形是第二位的。

(1) 外形：红碎茶外形要求匀齐一致。碎茶颗粒卷紧，叶茶条索紧直，片茶皱褶而厚实，末茶成砂粒状，体质重实。碎、片、叶、末的规格要分清。碎茶中不含片末茶，片茶中不含末茶，末茶中不含灰末。色泽乌润或带褐红，忌灰枯或泛黄。

(2) 滋味：品评红碎茶的滋味，特别强调汤质。汤质是指浓、强、鲜(浓厚、强烈、鲜爽)的程度。浓度是红碎茶的品质基础，鲜、强是红碎茶的品质风格。红碎茶汤要求浓、强、鲜具备，如果汤质淡、钝、陈，则茶叶的品质次。

(3) 香气：高档的红碎茶，香气特别高，具有果香、花香和类似茉莉花的甜香，要求尝味时，还能闻到茶香。我国云南的红碎茶，就具有这样的香气。

(4) 叶底：叶底的色泽，以红艳明亮为上，暗杂为下；叶底的嫩度，以柔软匀整为上，粗硬花杂为下。红碎茶的叶底注重红亮度，而嫩度相当即可。

(5) 汤色：以红艳明亮为上，暗浊为下。红碎茶汤色深浅和明亮度，是茶叶汤质的反映。决定汤色的主要成分，是茶黄素和茶红素。茶汤乳凝(冷后浑)是汤质优良的表现。

知识链接

红茶的药理作用

红茶可以帮助胃肠消化、促进食欲，利尿、消除水肿，并强壮心肌功能。在红茶中的咖啡碱和芳香物质的联合作用下，可以增加人体肾脏的血流量，提高肾小球过滤率，扩张肾微血管，并抑制肾小管对水的再吸收，促成尿量增加。因此，有利于排出体内的乳酸、尿酸(与痛风有关)、过多盐分(与高血压有关)、有害物质等，以及缓和心脏病或肾炎造成的水肿。

一、抗菌力强

用红茶漱口可以防治病毒引起的感冒，并预防蛀牙与食物中毒，降低血糖与血压。

红茶中的多酚类化合物具有消炎的效果。实验发现，儿茶素类能与单细胞细菌结合，使蛋白质凝固沉淀，从而抑制和消灭病原菌。因此，细菌性痢疾及食物中毒患者喝红茶颇有益，民间也常用浓茶涂伤口、褥疮和香港脚。

二、提神消疲

经由医学实验发现，红茶中的咖啡碱可通过刺激大脑皮质来兴奋神经中枢，达到提神、集中注意力，进而使思维反应更加敏捷，记忆力增强的效果。其对血管系统和心脏具有兴奋作用，强化心搏，从而加快血液循环，以利于新陈代谢，同时又可促进发汗和利尿，由此双管齐下加速排泄乳酸(使肌肉感觉疲劳的物质)及其他体内老废物质，达到消除疲劳的效果。

三、生津清热

饮红茶能止渴消暑，是因为茶中的多酚类、糖类、氨基酸、果胶等与口涎产生化学反应，刺激唾液分泌，使口腔滋润，产生清凉感；同时咖啡碱可控制下视丘的体温中枢，调节体温，并且刺激肾脏促进热量和污物的排泄，维持体内生理平衡。

此外，红茶还是极佳的运动饮料，除了可消暑解渴及补充水分外，若在需要体力及持久力的运动(如马拉松赛跑)前饮用，茶中的咖啡碱既具有提神作用，又能在运动中促使身体先燃烧脂肪供应热能，可使人体的新陈代谢率增加3%～4%。

任务单 有关辨别红茶的知识你了解了吗？

一、辨别红茶的要点。

1. 辨别工夫红茶的质量优劣可从＿＿＿＿＿＿＿＿＿＿＿几个方面进行。

2. 红碎茶的品质，特别注重内质的＿＿＿＿和＿＿＿＿，＿＿＿＿是第二位的。

二、总结归纳挑选红茶的标准。

任务评价

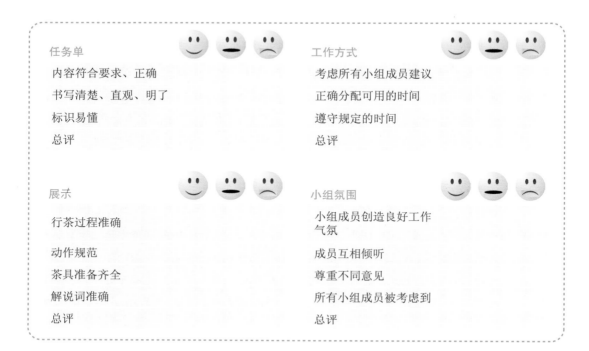

任务单 😊 😐 🙁

内容符合要求、正确

书写清楚、直观、明了

标识易懂

总评

工作方式 😊 😐 🙁

考虑所有小组成员建议

正确分配可用的时间

遵守规定的时间

总评

展示 😊 😐 🙁

行茶过程准确

动作规范

茶具准备齐全

解说词准确

总评

小组氛围 😊 😐 🙁

小组成员创造良好工作气氛

成员互相倾听

尊重不同意见

所有小组成员被考虑到

总评

祁门红茶的鉴赏与品饮

任务二

工作情境

正值冬季，一位客人走进茶艺馆，经询问，客人点了祁门红茶。作为茶艺师，你该如何为客人介绍和沏泡这种茶呢？

具体工作任务

- 了解祁门红茶的特点；
- 熟悉祁门红茶的制作加工过程；
- 熟悉红茶沏泡用具；
- 熟知红茶沏泡过程；
- 测试、判断祁门红茶沏泡步骤，写在任务单中；
- 写出本组练习情况及注意事项。

活动一 ▶ 祁门红茶的点茶服务

在上面的情境描述中，你知道了客人的需求，作为茶艺师，你该掌握哪些相关的知识呢？让我们一起了解一下吧。

信息页一 ▶ 介绍祁门红茶

一、祁门红茶的产地

祁门工夫红茶产于安徽省祁门县，清光绪年间开始仿照闽红试制生产，最终因其内质优异，与闽红、宁红齐名。国外也有将祁门红茶与印度大吉岭茶、斯里兰卡乌伐的季节茶并称世界3大高香茶。

二、祁门红茶的特点

祁门红茶又称祁门工夫，是安徽省祁门生产的名茶。它品质优良，以其芳香馥郁、醇厚甜润而驰名中外，在红茶中颇负盛名，曾于1915年巴拿马万国展览会上获金奖。该茶的特色是：色泽乌润，条索紧细，锋苗娟秀。汤色红艳明亮，叶底鲜红纤秀。味道醇厚，回味隽永，即便混入牛奶仍不减茶香，以高香著名，似果香，又似花香，素有"祁门香"之称。

信息页二 ▶ 祁门红茶的制作过程

祁门红茶的制作加工过程：鲜叶→萎凋→揉捻→发酵→再揉捻→干燥→毛茶，如表6-2-1所示。

表6-2-1 祁门红茶的制作过程

步骤	具体内容	图片
萎凋	自然萎凋了一晚上的茶青	

步骤	具体内容	图片
揉捻	头揉发酵后的茶叶回锅提温	
发酵	提温后的茶叶放在密封的袋子里发酵	
干燥	目的是将茶叶形状固定，以利于保存，使之不容易变坏	
毛茶	初制茶叶或称半成品。茶干，闻着有板栗香	

📖 **任务单** 有关祁门红茶的知识你了解了吗？试着填出下面的信息吧。

1. 祁门红茶属于_____茶。

2. 祁门红茶的制作过程有_____、_____、_____、_____、_____、_____、_____等。

3. 祁门红茶与_____、_____并称世界3大高香茶。

活动二　祁门红茶的品饮与沏泡

信息页一　沏泡祁门红茶的茶具(如表6-2-2所示)

表6-2-2　沏泡祁门红茶的茶具

茶具名称	图片
茶艺用具	
壶承	
水方	
瓷壶	
茶荷	
随手泡	

信息页二 **祁门红茶的沏泡过程**

一、准备阶段

茶具的准备：茶具按要求摆放整齐、合理。

茶叶的准备：将客人点好的红茶用茶荷准备好。

人员的准备：服装干净整齐，穿中式服装。

坐姿的要求：抬头、挺胸、收腹，双手放在茶巾上，面带微笑。

二、操作阶段

第一步：(问好)大家好，今天由我为您做茶。

第二步：首先介绍茶具，茶艺用具、茶荷、壶承、水方、品茗杯、瓷壶等。

第三步：摆放茶具。摆放茶垫、翻杯。

第四步：温壶。温壶的目的是为稍后放入茶叶冲泡热水时，不致冷热悬殊。

第五步：赏茶。今天为大家冲泡的是祁门红茶。

第六步：置茶。将茶叶拨至壶中。

第七步：冲水。

第八步：温杯。(介绍祁门红茶的特点)

祁门红茶产于安徽省祁门县。海拔600m，土地肥沃，常年云雾缭绕，日照时间短，构成茶树生长的天然佳境，酿成"祁红"特殊的芳香厚味。祁门红茶采摘标准较为严格，以春夏茶为主。出口量最高。特点是香气特高，带有玫瑰花的甜香，汤红而味厚，滋味鲜爽。

第九步：斟茶。分茶入杯。

第十步：奉茶。

做茶完毕，谢谢大家。

三、结束阶段

清理茶具。

知识链接 　　　　　　　　　*沏泡红茶的诀窍*

冲泡要领：第一，冲泡的水温需控制；第二，浸泡的时间需掌握好。

冲泡方法：目前市面上比较流行的红茶冲泡方法，主要是玻璃杯冲泡法以及盖碗冲泡法。玻璃杯冲泡法主要是运用玻璃套杯，泡法简单，不讲究茶艺。其过程是：将茶叶放入套杯的内胆中，然后将80℃左右的热水冲入杯内，冲泡后快速将茶汤倒入茶杯中饮用。

盖碗冲泡法可结合茶艺进行，演化出丰富的泡茶技艺，其方法与岩茶泡法相似。具体泡法是：首先，红茶小盖碗置干茶量约5g；接着，将95℃以上的水注入茶碗；注水后刮去茶汤上浮起的白色泡沫，再加盖。出汤时间：1～3泡在3～10秒之间，以后每冲泡一泡延长3～10秒，调整原则是1～7泡冲泡出的汤色基本一致。

? 任务单　祁门红茶沏泡服务

任务内容	需要说明的问题
1. 红茶的特点	
2. 红茶的制作过程	
3. 红茶的分类	
4. 茶具的准备	
5. 人员的要求	
6. 茶叶的准备	
7. 沏泡过程	
8. 注意事项	

任务评价

任务单	☺ ☹ ☹	工作方式	☺ ☹ ☹
内容符合要求、正确		考虑所有小组成员建议	
书写清楚、直观、明了		正确分配可用的时间	
标识易懂		遵守规定的时间	
总评		总评	

展示	☺ ☹ ☹	小组氛围	☺ ☹ ☹
行茶过程准确		小组成员创造良好工作气氛	
动作规范		成员互相倾听	
茶具准备齐全		尊重不同意见	
解说词准确		所有小组成员被考虑到	
总评		总评	

黑茶的品饮与鉴赏

黑茶属于后发酵茶，是我国特有的茶类，生产历史悠久，以制成紧压茶边销为主，主要产于湖南、湖北、四川、云南、广西等地。

由于黑茶的原料比较粗老，制造过程中往往要堆积发酵较长时间，所以叶片大多呈现暗褐色，因此被人们称为黑茶，六大茶类之一。黑茶名品较多，其中云南普洱茶古今中外久负盛名。

工作情境 🔍

安静优雅的茶艺馆内，一位客人入座后，看了看茶单，决定点黑茶，但又不是很了解这种茶。作为茶艺师，为了更好地为客人服务，你应该掌握哪些知识呢？

具体工作任务

- 了解黑茶的特性；
- 了解黑茶的原料；
- 熟悉黑茶的主要名茶。

活动一 领会客人的饮茶需求

在上面的情境描述中，你知道了客人的需求，作为茶艺师，你该掌握哪些相关的知识呢？让我们一起了解一下吧。

信息页一 黑茶的特性

原料：花色、品种丰富，大叶种等茶树的粗老梗叶或鲜叶经后发酵制成。

香气：清香或陈香。

汤色：青褐色、橙黄或褐色。

滋味：具陈香，滋味醇厚回甘。

性质：温和；属后发酵，可存放较久，耐泡耐煮。

信息页二 黑茶的名品

黑茶按地域分布，主要可分为湖北老青茶、湖南安化黑茶、四川边茶、广西梧州六堡茶以及云南普洱茶，其中云南普洱茶古今中外久负盛名。

一、湖北老青茶

老青茶又称青砖茶，属黑茶种类，以老青茶作原料，经压制而成青茶，主要销往内蒙

古等西北地区。其产地主要在湖北省咸宁地区的赤壁、咸宁、通山、崇阳、通城等县，已有100多年的历史。

　　青砖茶色泽为棕色，茶汁味浓可口，香气独特，回甘隽永。最外一层称洒面，原料的质量最好；最里面的一层称二面，质量稍差；这两层之间的一层称里茶，质量较差。

　　青砖的外形为长方形，色泽青褐，香气纯正，汤色红黄，滋味香浓。饮用青砖茶，除生津解渴外，还具有清新提神、帮助消化、杀菌止泻等功效。

　　常规的青砖茶有2kg/片、1.7kg/片、900g/片、380g/片。随着边疆少数民族地区居民向城市和内地迁移，为满足日益多元化的消费需求，又开发出更适合饮用的产品，如巧克力状的青砖，小巧精致，方便携带与冲泡。

二、湖南安化黑茶

　　湖南黑茶生产始于湖南益阳安化县。2009年，安化入选世界纪录协会中国最早的黑茶生产地。安化黑茶历史悠久，历史上横贯欧亚大陆的"丝绸之路"运输的主要商品是丝绸、瓷器、茶叶。安化黑茶，通过古丝绸之路源源不断地运往西北边疆，也销往俄国、英国等国家。湖南安化黑茶独特的历史造就了其独特的魅力，而独特的生态环境和成茶机理形成了其独特的功效。2300多年来，被边疆牧民称为"生命之饮"；牧民"宁可三日无粮，不可一日无茶；一日无茶则滞，三日无茶则病"。其蕴含深厚的中华传统文化，造就了"茶马古道、茶马互市、古丝绸之路、万里茶路、骆驼古道、船舱马背、茶马精神"等中国名词。

知识链接　　　　　　什么是茶马古道

　　茶马古道是唐宋以来汉藏民族之间进行商贸往来的重要通道，以茶马互市为主要内容，以马帮为主要运输方式的一条古代商道。它是中国藏区连接祖国内地并外延至南亚、东南亚的重要纽带，是中国西南各民族自古以来交往、融合的走廊。

　　茶马古道以茶文化为其独特的个性在亚洲文明的传播中起到了不可低估的作用。茶马古道主要有3条线路：青藏线、滇藏线和川藏线。在这3条茶马古道中，青藏线兴起于唐朝时期，发展较早；而川藏线在后来的影响最大，最为知名。

　　湖南安化黑茶主要集中在安化生产，条索卷折成泥鳅状，色泽油黑，汤色橙黄，叶底黄褐，香味醇厚，具有松烟香。黑毛茶经蒸压装篓后称天尖，蒸压成砖形的是黑砖、花砖或茯砖等。湖南安化黑茶是20世纪50年代绝产的传统工艺商品，主要由于海外市场的征购，这一原产地在安化山区的奇珍才得以在21世纪之初出现，并风靡广东及东南亚市场。其声誉之盛，已不亚于当今大行其道的普洱，被权威的台湾茶书誉为"茶文化的经典，茶叶历史的浓缩，茶中的极品"。

安化黑茶最初以"千两茶"的形式出现，此茶一般为长1.51～1.65m、直径约0.2m的筒状。外包装一般以竹黄、棕叶、蓼叶捆扎，重量约36.25kg，合旧称1000两，故而得名，也因此被誉为"世界茶王"。安化黑茶在长期的发展过程中逐渐形成了众多品类，主要概括为："三尖"，即天尖、贡尖和生尖；"四砖"，即茯砖、花砖、黑砖和青砖；"一花卷"，即新标准的安化千两茶系列，包括以重量命名的千两茶、百两茶和十两茶。

三、四川边茶

四川边茶起源于四川省，其年代可追溯到唐宋时茶马交易中早期。茶马交易的茶是从绿茶开始的。当时茶马交易茶的集散地为四川雅安和陕西的汉中，由雅安出发，人靠马驮抵达西藏至少有2～3个月的路程，当时由于没有遮阳避雨的工具，雨天茶叶常被淋湿，天晴时茶又被晒干，这种干、湿互变过程使茶叶在微生物的作用下导致发酵，产生了品质完全不同于起运时的茶品，因此，"黑茶是马背上形成的"说法是有其道理的。久而久之，人们就在初制或精制过程中增加一道渥堆工序，于是就产生了黑茶。

四川边茶分南路边茶和西路边茶两类，四川雅安、天全、荥经等地生产的南路边茶，过去分为毛尖、芽细、康砖、金尖、金玉、金仓六个花色，现简化为康砖、金尖两个花色，主销西藏，也销往青海和四川甘孜藏族自治州。南路边茶的制法是，将用割刀采割来的枝叶杀青后，经过多次的"扎堆""蒸、馏"后晒干。南路边茶(藏茶)为黑茶品种，制法最复杂，经过32多道工序制成。四川灌县、崇庆、大邑等地生产的西路边茶，蒸后压装入篾包制成方包茶或圆包茶，主销四川阿坝藏族自治州及青海、甘肃、新疆等地。西路边茶制法简单，将采割来的枝叶直接晒干即可。

四、广西梧州六堡茶

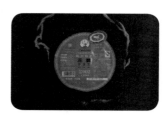

广西黑茶最著名的是梧州六堡茶，因产于广西梧州市苍梧县六堡乡而得名，已有上千年的生产历史。除苍梧县外，贺州、横县、岑溪、玉林、昭平、临桂、兴安等县也有一定数量的生产。六堡茶制造工艺流程是杀青、揉捻、渥堆、复揉、干燥，制成毛茶后再加工时仍需潮水渥堆，蒸压装篓，堆放陈化，最后使六堡茶汤味形成红、浓、醇、陈的特点。广西梧州因梧州六堡茶享誉国内外，2010年和2011年举办了两次广西春茶会，形成了形象良好的茶文化城市品牌效应。梧州六堡茶是特种黑茶，品质独特，香味以陈为贵，在我国港澳地区、以及东南亚和日本等地有广泛的市场。

五、云南普洱茶

很多人会将黑茶和普洱茶混淆，认为黑茶即普洱茶，其实不然，它们虽然相似但有很大差别。黑茶是依据成品茶的外观呈黑色而得名，我国六大茶类之一，属后发酵茶，主产区为四川、云南、湖北、湖南等地。普洱茶是以公认普洱茶区的云南大叶种晒青毛茶为原料，经过后发酵加工成的黑茶的一个分支。

普洱茶是以符合普洱茶产地环境条件的云南大叶种晒青茶为原料，采用渥堆工艺，经后发酵(人为加水提温促进细菌繁殖，加速茶叶熟化去除生茶苦涩以达到入口顺滑、汤色红浓之独特品性)加工形成的散茶和紧压茶。其品质特征为：汤色红浓明亮，香气独特陈香，滋味醇厚回甘，叶底红褐均匀。

在茶人的眼中，普洱茶得益于时间的流逝，受惠于岁月的洗礼。从这个角度来说，优质的普洱茶，堪称"时间缓慢的艺术"，而非速成时代的产品。普洱茶的"慢"，一方面指的是其品质的提高是一个缓慢的过程；另一方面，与世界上其他名茶相比，普洱茶的制作是需要花费时间的，而且工序烦琐，有多个环节：杀青、揉捻、晒干、分拣、拼配、蒸压，这是一个相当复杂且反复与自然对话的过程。

??任务单　有关黑茶的知识你了解了吗？

　　1. 黑茶属于＿＿＿＿＿＿发酵茶，是我国特有的茶类。

　　2. 黑茶的名品有：＿＿＿＿＿、＿＿＿＿＿、＿＿＿＿＿、＿＿＿＿＿、＿＿＿＿＿等。

活动二▶ 普洱茶的辨识

普洱茶种类很多，如何辨别普洱茶的优劣是一项比较难的工作。

信息页一▶ 辩别普洱茶的方法

一、从香气辨别

普洱熟茶因为是经过渥堆发酵，所以会产生一股熟味。一般只有10年陈期以内的干仓熟茶(依传统说法，未曾霉变过的茶品为干仓茶)，才可以从干茶表面闻出一股熟茶味。10～12年，干茶表面的熟茶味已经消失，则可从茶汤中品味出熟味香。1973年间由紧茶的材料改做成的第一批熟砖茶，称为"73厚砖茶"，至今已经40多年了，无论干茶或茶汤，都不再有熟味感觉，却有一股"沉香"。沉香是由熟味经过长期干仓陈化而转变过来的最好的熟茶茶香。熟茶味、熟味和沉香是最直接、有效地分辨生茶和熟茶的方法之一。

二、从汤色辨别

干仓的普洱生茶茶汤是栗红色，接近重火乌龙茶汤色，即使是陈年生茶，比如已经有八九十年历史的龙马牌同庆老号普洱茶，它的茶汤颜色只略比50年的红印普洱圆茶的茶汤深一些。而熟茶的茶汤颜色是暗栗色，甚至接近黑色。所以在现代的茶种分类中，将普洱茶列为黑茶类，是与普洱熟茶的汤色有关的。

三、从叶底辨别

干仓的普洱生茶叶底呈栗色至深栗色，和台湾的东方美人茶叶底颜色很相似。叶条质地饱满柔软，充满新鲜感。一泡同庆老普洱茶的叶底，可以显现出百年前的那种新鲜活力。普洱熟茶的叶底多半呈暗栗或黑色，叶条质地干瘦老硬。如果是发酵较重的，会有明显的炭化，像被烈火烧烤过。有些较老的叶子，叶面破裂，叶脉一根根分离，有如将干叶子长期泡在水中的那种碎烂的样子。但是，有些熟茶若渥堆时间不长，发酵程度不重，叶底也会非常接近生茶叶底。反之，也有些生茶在制作程序中，譬如茶青揉捻后，无法立即干燥，延误了较长时间，叶底也会呈现深褐色，汤色也会比较浓而暗，跟只是轻度发酵渥堆过的熟茶是一样的。

知识链接　　　　　　　　　　**普洱茶的来历**

普洱茶的得来缘于一个美丽的错误。清乾隆年间，普洱城内有一大茶庄，庄主姓濮，祖传几代都以制茶售茶为业。这一年，又到了岁贡之时，濮氏茶庄的团茶被普洱府选定为贡品，于是少庄主与普洱府罗千总一起进京纳贡。这年的春雨时断时续，毛茶没完全晒干，就急急忙忙压饼、装驮。当时从普洱到昆明的官马大道要走十七八天，从昆明到京城足足要走三个多月，从春天到夏天，总算在限定的日期前赶到京城。濮少庄主一行在京城的悦来客栈住下之后，小心地打开竹箬茶包，糟了，所有的茶饼都因为霉变而变色了。两人本打算自杀谢罪，幸好一个店小二喝了此茶，觉得滋味浪好，于是一行人斗胆把霉变后的茶饼呈了上去。乾隆是一个喜欢品茶、鉴茶的皇帝，他几次下江南都到了江浙茶山，鼓励种茶制茶。他还有一个特制的银斗，专门用来称水的轻重，以评定泡茶名泉的优劣。这天，正是各地贡茶齐聚、斗茶赛茶的吉日，乾隆看着全国各地送来的贡茶真是琳琅满目。突然间，他眼前一亮，发现有一种茶饼圆如三秋之月，汤色红浓明亮，犹如红宝石一般，显得十分特别。一闻，醇厚的香味直沁心脾，喝一口，绵甜爽滑。乾隆大悦道："此茶何名？滋味这般的好。"又问："何府所贡？"太监忙答道："此茶为云南普洱府所贡。""普洱府，普洱府……此等好茶居然无名，那就叫普洱茶吧。"

后来，濮少庄主伙同普洱府的茶师根据这饼茶研究出了普洱茶的加工工艺，其他普洱茶庄也纷纷效仿。于是，普洱茶的制茶工艺在普洱府各茶庄的茶人中代代相传，并不断发扬光大。从此，普洱茶岁岁入贡清廷，历经两百年不衰。皇宫中"夏喝龙井，冬饮普洱"也成为一种时尚和传统。

信息页二 辨别普洱茶的年份

普洱茶的存放年份是衡量茶叶价格、等级的一个重要因素，一块普洱茶砖叫价可以从百元到千元不等，主要是因为普洱茶有越陈越香的说法，所以，20年、30年，甚至50年、60年的珍品、贡品，更是价格不菲。而普洱茶的年份并无有效的方法辨认，如果保存不当也会影响茶叶品质，唯一的方法就是多喝、多比较。下面提供一些简单辨识普洱茶年份的方法供参考。

一、看茶叶外观

新普洱茶外观颜色较新鲜，带有白毫，且味道浓烈；普洱茶经过长时间的后氧化作用后，茶叶外观会呈枣红色，白毫也转为黄褐色。

二、区别包装纸颜色

通常压制过的陈年普洱茶，其包装的白纸已随时间变得陈旧，因而纸质略黄，因此可以从纸质手工布纹及印色之老化程度辨别，但这只能作为参考，非绝对依据，因为可能有些不良商家会利用这种心理，以陈黄的包装纸调包次级品。

三、看懂茶品年份

一般而言，通常将普洱茶的年份划分如下：1949年以前生产的普洱茶称为古董茶，如百年宋聘号、百年同兴贡品、百年同庆号、同昌老号、宋聘敬号。通常在茶饼内放有一张糯米所做、印有如上名称的纸，称为内飞。1949—1967年中国茶业生产改为"印级茶品"，也就是在包装纸的茶字上，以不同颜色标示，红印为第一批，绿印为第二批，黄印为第三批。1968年以后生产的茶饼包装不再印上"中国茶业公司"字号，改由各茶厂自选生产，统称云南七子饼，包括：雪印青饼、73青饼、大口中小绿印、小黄印等。

信息页三　关于普洱茶的年号

了解普洱茶时，经常会听到如"7581""8653""77104"之类的名称，它们代表什么含义呢？

普洱茶作为商品，过去主要是边销和外销，大多数普洱茶其花色、级别不同而且均有各自的茶号。如上所说的即为普洱茶的茶号。

茶号是出口贸易工作中用于对某种茶品质特点的标识，主要用于进出口业务。但有两点要注意：①茶号不能用来判断茶叶储存时间的长短；②茶号不能作为识别经营、生产企业的标识。从1973年昆明茶厂开始试制普洱茶(人工渥堆发酵)，于1975年正式批量生产，出口至今已有40多年的历史。在这几十年的贸易活动中，云南茶业进出口公司建立了许多茶号，每一个茶号都包含了特殊的意义：普洱茶茶号代表一种普洱茶的特定品质，是小包装(散茶)、大包装(整件包装散茶)或紧压茶，为某个厂家生产。

以普洱散茶的茶号为例，前面两位数为该厂创制该品号普洱茶的年份，最后一位数为该厂的厂名代号(1为昆明茶厂、2为勐海茶厂、3为下关茶厂、4为普洱茶厂)，中间的一至两位数为普洱茶级别，数字越小表明茶叶原料等级越幼嫩，越大表明茶叶原料等级越粗大。如，"7683"表示下关茶厂生产的8级普洱茶，该厂1976年开始生产该种普洱茶；"79562"表示勐海茶厂生产的5、6级普洱茶，该厂1979年开始生产该种普洱茶；"7542"表示由勐海茶厂生产的一只沿用1975年发酵工艺的4级为主要拼配原料的普洱茶。

任务单　有关挑选普洱茶的知识你了解了吗?

一、辨别普洱茶的要点。

1. 辨别普洱茶可从3方面进行：_____。

2. 普洱熟茶的叶底多半呈_____或_____；干仓的普洱生茶茶汤是_____，接近_____。

二、总结归纳挑选普洱茶的标准。

任务评价

任务单	☺	☻	☹	工作方式	☺	☻	☹
内容符合要求、正确				考虑所有小组成员建议			
书写清楚、直观、明了				正确分配可用的时间			
标识易懂				遵守规定的时间			
总评				总评			

展示	☺	☻	☹	小组氛围	☺	☻	☹
行茶过程准确				小组成员创造良好工作气氛			
动作规范				成员互相倾听			
茶具准备齐全				尊重不同意见			
解说词准确				所有小组成员被考虑到			
总评				总评			

任务二　普洱茶的鉴赏与品饮

工作情境

　　一位客人走进茶艺馆，经询问，客人点了一壶普洱茶，那作为茶艺师的你该如何为客人介绍这种茶呢？

　　具体工作任务

- 了解普洱茶的特点；
- 熟悉普洱茶的制作加工过程；
- 写出本组练习情况及注意事项。

活动一 ▶ **普洱茶点茶服务**

在上面的情境描述中，你知道了客人的需求，作为茶艺师，你该如何为客人介绍这种茶呢？

信息页一 ▶ **关于普洱茶**

普洱茶产于云南西双版纳等地，因自古以来即在普洱集散，而得名。普洱县城又作普洱哈尼族自治县，隶属思茅地区，位于云南省南部，距昆明373km，原称宁洱县。"普洱"为哈尼语，"普"为寨，"洱"为水湾，意为"水湾寨"，带有亲切的"家园"含义。

普洱茶作为茶的始祖，经历了漫长岁月的洗礼，不仅成为我国的名茶，还因它得天独厚的生长环境和独特的制作工艺以及丰富的健康功效，赢得了日本、韩国、东南亚及欧美国家和地区饮茶爱好者的赞誉。

普洱茶可按高、中、低档分等级：高档茶，如金瓜贡茶、极品砖(饼)茶、贵妃贡饼、宫廷缘饼、礼茶、特级；中档茶，如7262熟饼、易武正山青饼、一级、三级砖茶，沱茶，一级到五级散茶；低档茶，是六到十级的散茶。

一、依制法分类

(1) 生茶：采摘后以自然方式发酵，茶性较刺激，放多年后茶性会转温和，好的老普洱通常是采用此种制法。

(2) 熟茶：以科学的方法人为发酵，使茶性温和。

二、依存放方式分类

(1) 干仓普洱：指存放于通风、干燥及清洁的仓库，使茶叶自然发酵，陈化10～20年为佳。

(2) 湿仓普洱：通常放置于较潮湿的地方，如地下室、地窖等，以加快其发酵速度。由于茶叶内含物破坏较多，常有泥味或霉味。湿仓普洱陈化速度虽较干仓普洱快，但容易产生霉变，对人体健康不利，所以不主张销售及饮用湿仓普洱。

三、依外形分类

(1) 饼茶：扁平圆盘状，其中七子饼每块净重375g，每7个为一筒，每筒重约2500g，故名七子饼。

(2) 沱茶：形状跟饭碗一般大小，每个净重100～250g，现在还有迷你小沱茶每个净重2～5g。

(3) 砖茶：长方形或正方形，250～1000g居多，制成这种形状主要是为了便于运送。

(4) 金瓜贡茶：压制成大小不等的半瓜形，从100g到数百斤均有。

(5) 千两茶：压制成大小不等的紧压条形，每条茶条重量都比较重(最小的条茶都有50kg左右)，故名"千两茶"。

(6) 散茶：制茶过程中未经过紧压成形，茶叶状为散条形的普洱茶。

普洱茶的中、上级大都以沱茶及饼茶居多。

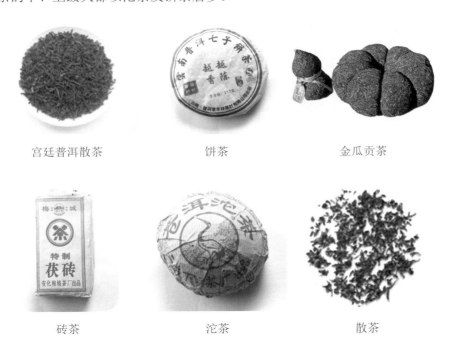

宫廷普洱散茶　　　　　　　饼茶　　　　　　　　　金瓜贡茶

砖茶　　　　　　　　　沱茶　　　　　　　　散茶

信息页二　**普洱饼茶的制作过程**

杀青是云南普洱茶加工的第一步，一般现在农户在加工的时候主要使用锅炒杀青，这样杀青的温度较低，叶面温度一般在80℃以下，多酚氧化酶钝化较少，低沸点香气物质未完全消失。这样的杀青叫做晒青，更有利于后期"发酵"。

加工厂有的使用滚筒，蒸汽热风杀青就属于烘青，这样杀青的温度高，叶面温度一般在90℃以上，多酚氧化酶被彻底破坏。

普洱饼的制作加工过程如表7-2-1所示。

表7-2-1　普洱饼茶的制作过程

步骤	图片
杀青	
揉捻	
干燥	
渥堆发酵	
渥堆中测量温度	
分级	

(续表)

步骤	图片
蒸软准备压茶	
准备压制	
压制	

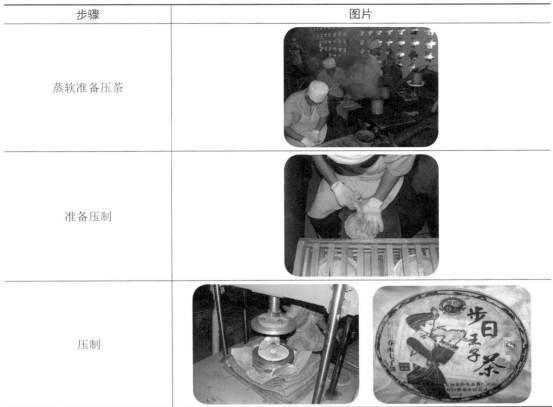

普洱茶的功效

（1）普洱茶茶性温和，暖胃不伤胃。这点，熟普洱茶尤为明显。

（2）普洱茶可以降血脂。许多医学实验证明，持续饮用普洱茶能降低血脂达30%(视个体而不同)。在克雷泰伊的莫道尔医院给20位血脂过高的病人，一天喝3碗云南沱茶，一个月后，发现病人血液中的脂肪几乎减少了1/4，而饮同样数量其他茶的病人血液脂肪则无明显变化。由此可以看出，普洱茶在降血脂方面的特别功效。

（3）普洱茶有助于减肥。

（4）中医还认为普洱茶同时具有清热、消暑、解毒、消食、去腻、利水、通便、祛痰、祛风解表、止咳生津、益气、延年益寿等功效。这些说法姑妄听之，毕竟把茶当药还是需要一些加工过程的。

（5）现代医学研究显示，普洱茶有暖胃、减肥、降脂、防止动脉硬化、防止冠心病、降血压、抗衰老、抗癌、降血糖、抑菌消炎、减轻烟毒、减轻重金属毒、抗辐射、防龋齿、明目、助消化、抗毒、预防便秘、解酒等20多项功效，而其中暖胃、减肥、降脂、防止动脉硬化、防止冠心病、降血压、抗衰老、抗癌、降血糖的功效尤为突出。

任务单　有关普洱茶的知识你了解了吗？

1. 生茶茶性_____，放多年后茶性会转_____。

2. 普洱茶依外形可分为：_____、_____、_____、_____、_____、_____。

活动二 ▶ **普洱茶的品饮与沏泡**

信息页一 **沏泡普洱饼茶的茶具(如表7-2-2所示)**

表7-2-2　沏泡普洱饼茶的茶具

茶具名称	图片
紫砂壶或陶壶	
茶海	
壶承	
水方	

(续表)

茶具名称	图片
茶杯	
茶荷	
随手泡	
茶艺用具	

信息页二　普洱饼茶的沏泡过程

一、准备阶段

茶具的准备：茶具按要求摆放整齐、合理。

茶叶的准备：将客人点好的普洱饼茶用茶荷准备好。

人员的准备：服装干净整齐，穿中式服装。

坐姿的要求：抬头、挺胸、收腹，双手放在茶巾上，面带微笑。

二、操作阶段

第一步：(问好)大家好！今天由我为您做茶。

首先介绍茶具，茶艺用具、陶壶、茶仓、壶承、水方、茶垫、品茗杯、茶海(又名公道杯)、随手泡等。

第二步：摆放茶垫。

第三步：翻杯。

第四步：温壶。先温壶，是为了稍后放入茶叶冲泡热水时，不致冷热悬殊。

第五步：温茶海。

第六步：温滤网。

第七步：赏茶。

请赏茶，今天为您沏泡的是普洱饼茶。

第八步：置茶。茶置壶中，茶叶用量为8～10g。

第九步：温润泡。

第十步：第一泡茶冲水。

第十一步：温杯。

温杯的目的在于提升杯子的温度，使杯底留有茶的余香，使其温润。第一泡的茶汤一般不作为饮用。(介绍茶叶)

第十二步：斟茶。

将浓淡适度的茶汤斟入茶海中，散发着暖暖的茶香，再分别倒入客人杯中，以使每位客人杯中的茶汤浓淡相同。

第十三步：奉茶。

第十四步：品茶。

三、结束阶段

清理茶具。

知识链接　　　　　　　　　沏泡普洱饼茶的诀窍

水温：100℃的沸水。

投茶量：茶与水的比例为1∶50～1∶30。

适用茶具：紫砂壶/盖碗。

冲泡普洱茶时必须润茶，即第一次冲入的沸水迅速倒掉，必要时可再重复1～2次。

冲泡的时间大致是先短后长，润茶后第一泡时间为30～60秒(一般根据茶叶的年限和档次不同，冲泡的时间亦不同），之后每泡一次时间适当累加。每泡将茶汤倒出时尽量将茶汤控净。

　　普洱茶耐冲泡，生普可冲泡10次以上，熟普则可冲泡15次以上。

?♫ 任务单　普洱饼茶沏泡服务

任务内容	需要说明的问题
1. 普洱饼茶的特点	
2. 普洱饼茶的制作过程	
3. 普洱饼茶的分类	
4. 茶具的准备	
5. 人员的要求	
6. 茶叶的准备	
7. 沏泡过程	
8. 注意事项	

任务评价

任务单				工作方式			
内容符合要求、正确				考虑所有小组成员建议			
书写清楚、直观、明了				正确分配可用的时间			
标识易懂				遵守规定的时间			
总评				总评			

展示				小组氛围			
行茶过程准确				小组成员创造良好工作气氛			
动作规范				成员互相倾听			
茶具准备齐全				尊重不同意见			
解说词准确				所有小组成员被考虑到			
总评				总评			

花茶的品饮与鉴赏

　　花茶，又名窨花茶，利用茶善于吸收异味的特点，将有香味的鲜花和新茶一起窨制，茶将香味吸收后再把干花筛除，制成的花茶香味浓郁，茶汤色深，深得北方品茶人的喜爱。

任务一 **花茶赏析**

工 作 情 境

在茶艺馆，客人入座后，问茶艺师都有什么好喝的花茶。茶艺师介绍了几种，客人决定试试，但又不是很了解这种茶，你该如何为客人介绍呢？

具体工作任务

- 了解花茶的特性；
- 了解花茶有哪些品种；
- 熟练根据客人口味进行茶品推荐。

活动一 领会客人的饮茶需求

在上面的情境描述中，你知道了客人的需求，作为茶艺师，你该掌握哪些相关的知识呢？让我们一起了解一下吧。

信息页一 花茶的特性

花茶又名窨花茶、香片等，是将茶叶加花窨制而成的。这种茶富有花香，以窨的花种命名，如茉莉花茶、桂花乌龙茶、玫瑰红茶等，饮之既有茶味，又有花的芬芳，是一种再加工茶叶。

(1) 香气：花茶集茶味与花香于一体，茶引花香，花增茶味，相得益彰。

(2) 滋味：既保持了浓郁爽口的茶味，又有花的甜香。

(3) 茶性：凉温都有，具备茶的营养成分，花本身可以养颜，香气较高，饭前饮用可增加食欲，有益于人体健康。

花茶外形条索紧结匀整，色泽黄绿尚润；内质香气鲜灵浓郁，具有明显的鲜花香气，汤色浅黄明亮，叶底细嫩匀亮。

信息页二 花茶的名品

花茶有茉莉银针、茉莉绣球、玫瑰绣球、玫瑰针螺、玫瑰红茶、桂花乌龙等品种。

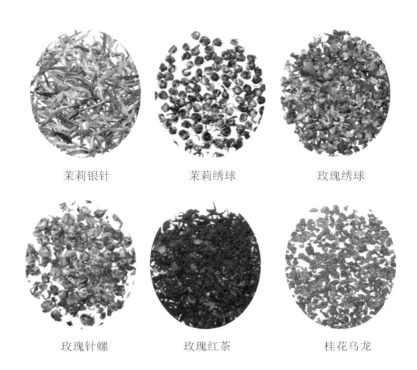

茉莉银针　　　　　　　茉莉绣球　　　　　　　玫瑰绣球

玫瑰针螺　　　　　　　玫瑰红茶　　　　　　　桂花乌龙

信息页三 ▷ 花茶的原料

　　花茶一般采用绿茶的茶坯，少量的有红茶和乌龙茶，再与鲜花窨制而成。由于窨花的次数不同和鲜花种类不同，花茶的香气高低和香气特点也不一样，其中以茉莉花茶的香气最为浓郁，是我国花茶中的主要产品。

绿茶　　　　　　　　　红茶　　　　　　　　　乌龙茶

　　花茶是我国特有的香型茶，既具有茶叶的爽口浓醇之味，又兼具鲜花的纯情馥郁之气，有"引花香，益茶味"之说。

　　一般根据其所用的花品种不同，可划分为茉莉花茶、玫瑰花茶、桂花花茶等类，其中以茉莉花茶产量最大。

茉莉花

桂花　　　　　　　　玫瑰花　　　　　　　　兰花

?? 任务单　有关花茶的知识你了解了吗？试着填出下面的信息吧。

1. 花茶属于_____茶。

2. 花茶的品种有_____、_____、_____、_____、_____和_____等。

3. 花茶的茶坯一般有_____茶、_____茶、_____茶。

4. 窨制花茶时一般用的鲜花有_____花、_____花、_____花、_____花等。

活动二　花茶的辨识

花茶的种类很多，如何辨别花茶的优劣是一项比较难的工作。

信息页　辨别花茶的方法

一、外形

外形完整(特种茉莉花茶形状独特)、洁净，色泽嫩黄。

二、香气

高档花茶干闻鲜爽清香扑鼻，深吸茶叶香气鲜、纯、浓、厚；开汤后茶叶香气一泡鲜灵扑鼻，二泡香气浓郁芬芳，三泡四泡香气持久，五泡六泡还有余香。低档花茶初闻有茉莉花香，深吸茶叶香气低、短、薄；开汤后茶叶一泡尚香，二泡有微香，三泡香尽或有其他异味。

闻香时有白兰花香(透兰)、有茶坯气味(透坯)都不属于高档茉莉花茶。白兰花打底，是为了降低成本，因为白兰花香气浓，但不鲜灵。很少的下花量就可以提高香气，所以透兰是不好的。香气是鉴别茉莉花茶的最重要的一个环节。有茶坯气味(透坯)，说明下花少，品质次。

三、滋味

高档花茶中的茶多酚和非溶于水的蛋白质可降低茶叶的涩味，提高茶叶可溶于水的蛋白质等内含物，滋味醇厚爽口、回味清甜，品后舌根、牙龈满口生香，有香气冲鼻的感觉。低档花茶茶多酚和非溶于水的蛋白质后发酵作用时间短，其滋味偏淡、回味感弱、香气低沉。

还要特别注意一点：茉莉花茶标准的出厂水分为8%～9%，不允许超出9%。但有的厂家，为了弥补下花量少(可以降低生产成本)、茉莉花茶内香不足，故意把茶叶出厂的水分提高到9%以上。一方面茶叶干闻时鲜灵度好，另一方面也可以增加茶叶重量，因此会在批发市场上碰到闻起来香而喝起来不香的茶叶。这些超出出厂标准水分的茉莉花茶保质期短，很容易变质发霉。所以，挑选花茶一定要注意含水量8%～9%，一般用手捏能成碎片状，而不是粉状。

四、叶底

达到高品质标准的茶叶，其叶底一般情况下完整均匀一致，芽状肥嫩无夹杂物；而达不到标准的茶叶，芽头参差不齐，有粗有细，甚至还会出现红梗、焦边等现象。

任务单 有关辨别花茶的知识你了解了吗？

一、辨别花茶的要点。

1. 辨别花茶的优劣可从_____几个方面进行。

2. 高档花茶干闻鲜爽清香扑鼻，深吸茶叶香气_____、_____、_____、_____。

二、总结归纳挑选花茶的标准。

任务评价

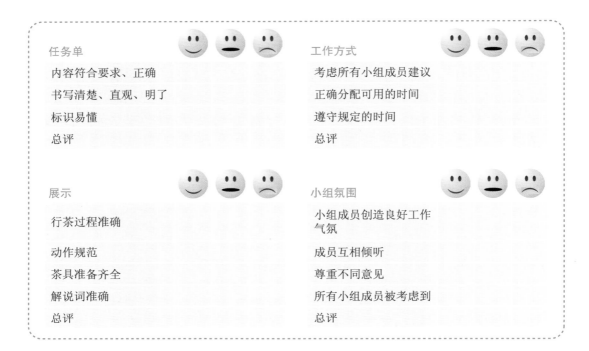

任务单	☺ ☻ ☹
内容符合要求、正确	
书写清楚、直观、明了	
标识易懂	
总评	

工作方式	☺ ☻ ☹
考虑所有小组成员建议	
正确分配可用的时间	
遵守规定的时间	
总评	

展示	☺ ☻ ☹
行茶过程准确	
动作规范	
茶具准备齐全	
解说词准确	
总评	

小组氛围	☺ ☻ ☹
小组成员创造良好工作气氛	
成员互相倾听	
尊重不同意见	
所有小组成员被考虑到	
总评	

任务二 茉莉花茶的鉴赏与品饮

工作情境

客人走进茶艺馆，点了一份茉莉花茶，作为茶艺师，你该如何为客人介绍这种茶呢？

具体工作任务

- 了解茉莉花茶的特点；
- 熟悉茉莉花茶的制作加工过程；
- 写出本组练习情况及注意事项。

活动一▶ 茉莉花茶点茶服务

在上面的情境描述中，你知道了客人的需求，作为茶艺师，应该掌握哪些相关知识呢？让我们一起了解一下吧。

信息页一▶ 介绍茉莉花茶

茉莉花茶的茉莉花香气是在加工过程中逐步具有的，所以成品茶中的茉莉干花仅仅起到点缀、提鲜、美观的作用，有的品种中有此点缀，有的没有，虽然有无良茶商用别人用过的废花拌入茶中以次充好，但有无干花点缀并不能作为判断花茶品质好坏的标准。判断茶叶好坏还应该以茶叶本身的滋味为标准。

茉莉花茶是市场上销量最大的一个花茶种类，茉莉花的香气一直为广大花茶饮用者所喜爱，被誉为可窨花茶的玫瑰、桂花、兰花等众茶之冠。宋代诗人江奎的《茉莉》赞曰："他年我若修花使，列做人间第一香。"茉莉花茶的主要消费地是我国的东北、华北地区，以北京、天津、济南、石家庄、成都等城市销售量最大。

优质的茉莉花茶具有干茶外形条索紧细匀整，色泽黑褐油润，冲泡后香气鲜灵持久，汤色黄绿明亮，叶底嫩匀柔软，滋味醇厚鲜爽的特点。

信息页二▶ 花茶的制作过程

花茶的制作加工过程：茶坯→窨花→筛花→再窨花→再筛花(反复数次)→干燥。

加工窨制是将鲜花和经过精制的茶叶拌和，在静止状态下使茶叶缓慢吸收花香，然后筛去花渣，将茶叶烘干的过程。

一、茶坯

一般以烘青绿茶为茶坯，因其组织结构疏松，吸香性强，茶味清纯，用以窨花能使茶香花香融为一体。先将烘青毛茶去除片、末、梗等，精制成符合商品规格要求的茶坯。

二、花

用来窨制茶叶的花可以分成两类：气质花和体质花。气质花的花瓣及花蕊不含花香，香味物质在花朵开放时释放，最具代表性的有：茉莉花、玉兰花。体质花的香味物质蕴含在花体中，开花时释放少部分香气，主要有：玫瑰花、桂花、菊花、金银花等。

茶叶具有很强的吸附性，所以两类花都适合用来制作花茶。特别是气质花，因花朵本身不具留香能力，只能借助茶叶吸收、保留花香，其中茉莉花茶最为典型。

茉莉花每年分3期开放，第一期为初夏时节盛开，称为"头花"或"霉花"；第二期于暑期伏天盛开，是为"伏花"或"夏花"，用伏花窨制的茉莉花茶，其品质最为清香宜人；第三期则为入秋后盛开的"秋花"。另外还有玫瑰花、桂花，但由于这两种花的成本较高，因此用其窨制的花茶价格也相对较高。

三、窨制

鲜花应选用当天采摘的成熟花朵，经过摊、堆、筛、晾等维护和助开过程，使花朵开放匀齐，再与茶坯按一定配比拌和均匀，堆积静置，让茶坯尽量吸收鲜花持续吐放的香气。窨制期间，有的还需视其堆温的变化翻拌通风散热，降低堆温和透换新鲜空气，以利于鲜花恢复生机，继续吐香，调换茶花接触面，使茶坯均匀地吸香。最后筛去花渣，完成一个窨次。

不同品种级别的花茶，窨制时间、下花量、窨次各异，多窨次的花茶，其下花量逐次递减。为了提高鲜爽度，有的花茶还配以适量的白兰鲜花打底。花茶成品一般分为1～6级和片茶。

很多人会有这样的误解：带有茉莉花越多的茉莉花茶就越好；如果看不到茉莉花，那就是不好的花茶，或者是用香精做出来的。

但事实恰恰相反，茉莉花干本身不带花香，又有极强的吸水性，留在茶叶中易吸收水分发生腐败，影响茶叶质量。因此，窨花后要筛除花干，高档花茶还要手工挑花，越好的花茶越难见到花干。低档的花茶窨花次数少，为节省工序，便会不挑除花干。有的茶叶花香极低，甚至加入无用的花干作为点缀。

知识链接 　　　　　**茉莉花茶的药理作用**

茉莉花茶可促进大脑功能，保护神经细胞；还有镇静止痛作用，对妇女"痛经"有一定疗效；其中的茉莉酮对男人前列腺炎、前列腺肿大也有防治作用。据明朝李时珍《本草纲目》记载："茉莉花性辛甘温、和中下气、避秽浊、治下痢腹痛。"福州地区民间有以茉莉花干炖黄花鱼头，服用治头晕；妇女分娩前用茉莉花干炖服防难产之说。

另外，用茉莉花茶水煮米饭，不仅吃起来芳香可口，还能养生保健、祛病延年，有助于软化血管、降低血脂和胆固醇、防中风和抗老化。茶水中的芳香物质可增加白细胞，增强抵抗力；茶水中的氟化物，可防龋齿；夏秋两季服用茶水煮米饭还可以祛风散热、防治痢疾等。

？任务单　有关茉莉花茶的知识你了解了吗？

　　1.优质的茉莉花茶具有外形＿＿＿＿＿＿，色泽＿＿＿＿＿＿，冲泡后香气＿＿＿＿＿＿，汤色＿＿＿＿＿＿，叶底＿＿＿＿＿＿，滋味＿＿＿＿＿＿的特点。

　　2.用来窨制茶叶的花可以分成＿＿＿＿＿＿和＿＿＿＿＿＿两类。

活动二▶ **茉莉花茶的品饮与沏泡**

信息页一▶ **沏泡茉莉花茶的茶具(如表8-2-1所示)**

表8-2-1　沏泡茉莉花茶的茶具

茶具名称	图片
茶艺用具	
茶仓	
水方	

(续表)

茶具名称	图片
壶承	
盖碗	
茶荷	
随手泡	

信息页二 茉莉花茶的沏泡过程

一、准备阶段

茶具的准备：茶具按要求摆放整齐、合理。

茶叶的准备：将客人点好的茉莉花茶用茶荷准备好。

人员的准备：服装干净整齐，穿中式服装。

坐姿的要求：抬头、挺胸、收腹，双手放在茶巾上，面带微笑。

二、操作阶段

中国是文明古国、礼仪之邦，又是茶的原产地和发祥地，茶伴随中华民族走过5000多年的历程。"一杯春露暂留客，两腋清风几欲仙。"茶与人们的日常生活息息相关，尤其对于北方人来说，花茶更能代表北方的一种文化。花茶融茶之清韵与花之幽香于一体，花香、茶味相得益彰。

第一步：恭迎嘉宾。

第二步：鉴赏佳茗。

赏茶、评茶四步骤，首先在于赏干茶。油亮美观的茶叶还未冲泡已令人神往。

今天为大家冲泡的是玫瑰针螺，外形碧绿似螺，并有少许花瓣。

第三步：温盏洁具。

盖碗是一杯三件的盖杯，包括盖、杯身、杯托。杯为白瓷反边敞口瓷碗。以江西景德镇出产的最为著名。

用盖碗泡茶，揭盖、闻香、尝味、观色都很方便。盖碗造型美观，题词配画都很别致。以盖碗泡茶奉客，人奉一杯，品饮随意。

第四步：佳茗入盏。

置茶，美其名曰佳人入宫，香叶、嫩芽静置于碗中。

第五步：静温香芽。

干茶充分吸取水之甜润，初步伸展，茶香四溢，"清茶一盏也能醉人"。

玫瑰针螺属花茶类，它既是香味芬芳的饮料，又是高雅的艺术品。它是先用洁白高贵的茉莉花熏香，再用玫瑰花熏香，最后将玫瑰花瓣撒在茶叶上。茶能吸花香增茶味，香气鲜灵持久，滋味醇厚鲜爽，汤色呈淡粉色，有浓郁的玫瑰花香，是茶中精品。

第六步：悬壶高冲。

第七步：敬奉香茗。

奉茶。

盖碗的品饮演示：女士饮茶动作要轻柔静美，提盖碗于胸前，缓缓旋转杯盖闻香，即可感受到扑面而至的清香。随后观赏茶汤颜色。拨去茶沫，细品香茗。男士饮茶则讲究气度豪放，潇洒自如。闻香和品茗动作要粗犷大气，品茗时单手持碗，与大家共饮，共同分享茶之清雅韵味。

第八步：回味余韵。

品茶要静品、细品，独饮得神，对饮得趣，品饮得味，聚饮得益。在闲暇之余，用心泡上一碗茶，细品茶中之味、茶中之情、茶中之韵。

做茶完毕，谢谢大家。

三、结束阶段

清理茶具。

知识链接

茉莉花茶的来历

很早以前，北京茶商陈古秋同一位品茶大师研究北方人喜欢喝什么茶。陈古秋忽想起有位南方姑娘曾送给他一包茶叶尚未品尝过，便寻出请大师品尝。冲泡时，碗盖一打开，先是异香扑鼻，接着在冉冉升起的热气中，看见一位美貌姑娘，双手捧着一束茉莉花，一会儿工夫又变成一团热气。陈古秋不解，就问大师。大师说："这茶乃茶中绝品——报恩茶。"陈古秋想起3年前去南方购茶住客店遇见一位孤苦伶仃少女的经历。那少女诉说家中停放着父亲尸身，无钱殡葬，陈古秋深为同情，便取了一些银子给她。3年过去了，今春又去南方时，客店老板转交给他一小包茶叶，说是3年前那位少女交送的。当时未冲泡，谁料是珍品。"为什么她独独捧着茉莉花呢？"两人又重复冲泡了一遍，那手捧茉莉花的姑娘再次出现。陈古秋一边品茶一边悟道："依我之见，这是茶仙提示，茉莉花可以入茶。"次年便将茉莉花加到茶中，从此便有了一种新茶——茉莉花茶。

任务单 茉莉花茶沏泡服务

任务内容	需要说明的问题
1. 花茶的特点	
2. 花茶的制作过程	
3. 花茶的分类	
4. 茶具的准备	
5. 人员的要求	
6. 茶叶的准备	
7. 沏泡过程	
8. 注意事项	

任务评价

任务单	😊	😐	😞
内容符合要求、正确			
书写清楚、直观、明了			
标识易懂			
总评			

工作方式	😊	😐	😞
考虑所有小组成员建议			
正确分配可用的时间			
遵守规定的时间			
总评			

展示	😊	😐	😞
行茶过程准确			
动作规范			
茶具准备齐全			
解说词准确			
总评			

小组氛围	😊	😐	😞
小组成员创造良好工作气氛			
成员互相倾听			
尊重不同意见			
所有小组成员被考虑到			
总评			

参考文献

[1] 郑春英. 茶艺概论[M]. 北京：高等教育出版社，2006.

[2] 郑春英. 茶艺与服务[M]. 北京：北京师范大学出版社，2010.

[3] 陈宗懋. 中国茶经[M]. 上海：上海文化出版社，1992.

《中等职业学校酒店服务与管理类规划教材》

西餐与服务（第2版）
汪珊珊 主编　刘畅 副主编
ISBN：978-7-302-51974-4

中华茶艺（第2版）
郑春英 主编
ISBN：978-7-302-51730-6

会议服务（第2版）
高永荣 主编
ISBN：978-7-302-51973-7

咖啡服务（第2版）
荣晓坤 主编　林静 李亚男 副主编
ISBN：978-7-302-51972-0

调酒技艺（第2版）
龚威威 主编
ISBN：978-7-302-52469-4

酒店服务礼仪（第2版）

王冬琨 主编 郝璞 张玮 副主编
ISBN：978-7-302-53219-4

中餐服务（第2版）

王利荣 主编 刘秋月 汪珊珊 副主编
ISBN：978-7-302-53376-4

前厅服务与管理（第2版）

姚蕾 主编
ISBN：978-7-302-52930-9

客房服务（第2版）

赵历 主编
ISBN：978-7-302-54147-9

葡萄酒侍服

姜楠 主编
ISBN：978-7-302-26055-4

酒店花卉技艺

王秀娇 主编
ISBN：978-7-302-26345-6

雪茄服务

荣晓坤 汪珊珊 主编
ISBN：978-7-302-26958-8

康乐与服务

徐少阳 主编 李宜 副主编
ISBN：978-7-302-25731-8